# これからはじめる Excel VBAの本

門脇香奈子［著］



技術評論社

# 本書の特徴

- 最初から通して読むと、体系的な知識・操作が身に付きます。
- 読みたいところから読んでも、個別の知識・操作が身に付きます。
- ダウンロードした練習ファイルを使って学習できます。

## 本書の使い方

本文は、01、02、03…の順番に手順が並んでいます。この順番で操作を行ってください。
それぞれの手順には、❶、❷、❸…のように、数字が入っています。
この数字は、操作画面内にも対応する数字があり、操作を行う場所と、操作内容を示しています。

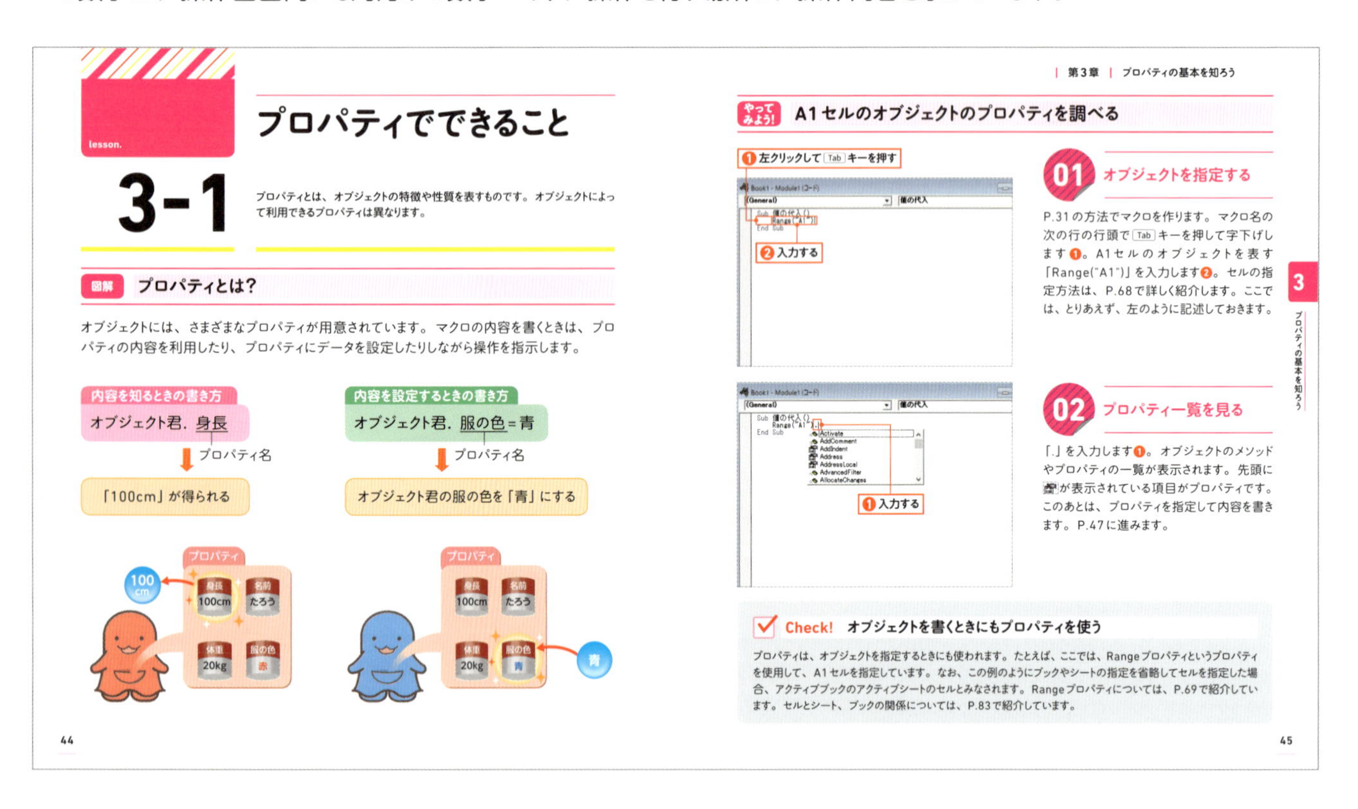

| 第3章 | プロパティの基本を知ろう

lesson. 3-1

プロパティでできること

プロパティとは、オブジェクトの特徴や性質を表すものです。オブジェクトによって利用できるプロパティは異なります。

図解 プロパティとは?

オブジェクトには、さまざまなプロパティが用意されています。マクロの内容を書くときは、プロパティの内容を利用したり、プロパティにデータを設定したりしながら操作を指示します。



やってみよう! A1セルのオブジェクトのプロパティを調べる



01 オブジェクトを指定する

P.31の方法でマクロを作ります。マクロ名の次の行の行頭で Tab キーを押して字下げします❶。A1セルのオブジェクトを表す「Range("A1")」を入力します❷。セルの指定方法は、P.68で詳しく紹介します。ここでは、とりあえず、左のように記述しておきます。



02 プロパティ一覧を見る

「.」を入力します❶。オブジェクトのメソッドやプロパティの一覧が表示されます。先頭に[アイコン]が表示されている項目がプロパティです。このあとは、プロパティを指定して内容を書きます。P.47に進みます。

Check! オブジェクトを書くときにもプロパティを使う

プロパティは、オブジェクトを指定するときにも使われます。たとえば、ここでは、Rangeプロパティというプロパティを使用して、A1セルを指定しています。なお、この例のようにブックやシートの指定を省略してセルを指定した場合、アクティブブックのアクティブシートのセルとみなされます。Rangeプロパティについては、P.69で紹介しています。セルとシート、ブックの関係については、P.83で紹介しています。

3 プロパティの基本を知ろう

44　45

# 解説ページの読み方

具体的にVBAのプログラムを学ぶ節の冒頭には、そこで学習するプログラムの書き方を図で解説しています。図を見て書き方を学んでから、次ページからの操作を行ってください。

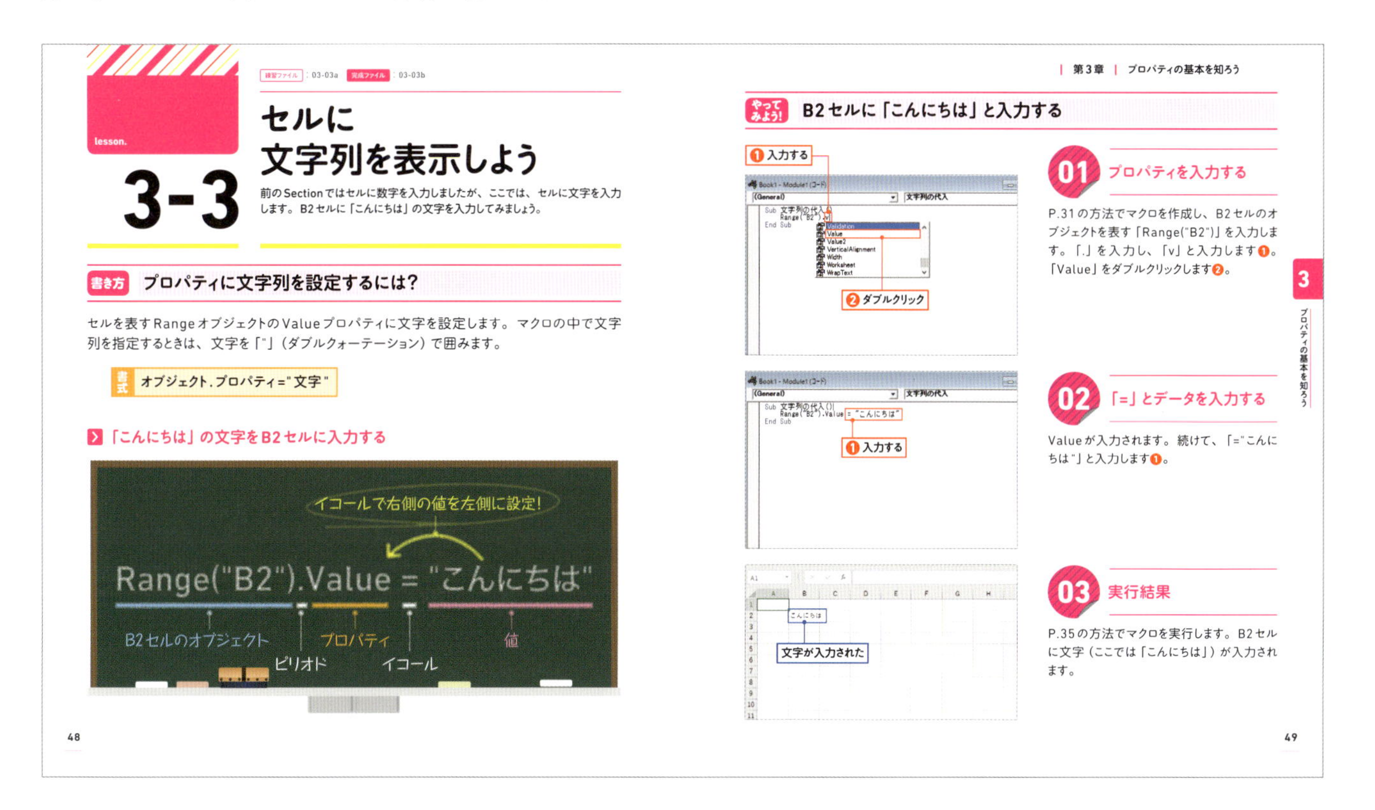

練習ファイル：03-03a　完成ファイル：03-03b

lesson.
3-3
セルに文字列を表示しよう

前のSectionではセルに数字を入力しましたが、ここでは、セルに文字を入力します。B2セルに「こんにちは」の文字を入力してみましょう。

書き方　プロパティに文字列を設定するには？

セルを表すRangeオブジェクトのValueプロパティに文字を設定します。マクロの中で文字列を指定するときは、文字を「"」（ダブルクォーテーション）で囲みます。

書式　オブジェクト.プロパティ="文字"

「こんにちは」の文字をB2セルに入力する



48

第3章　プロパティの基本を知ろう

やってみよう!　B2セルに「こんにちは」と入力する



01　プロパティを入力する

P.31の方法でマクロを作成し、B2セルのオブジェクトを表す「Range("B2")」を入力します。「.」を入力し、「v」と入力します1。「Value」をダブルクリックします2。

02　「=」とデータを入力する

Valueが入力されます。続けて、「="こんにちは"」と入力します1。

03　実行結果

P.35の方法でマクロを実行します。B2セルに文字（ここでは「こんにちは」）が入力されます。

3　プロパティの基本を知ろう

49

## 動作環境について

- 本書は、Microsoft Excel 2019を対象に、操作方法を解説しています。
- 本文に掲載している画像は、Windows 10とExcel 2019の組み合わせで作成しています。Excel 2016では、操作や画面に多少の違いがある場合があります。詳しくは、本文中の補足解説を参照してください。
- Windows 10以外のWindowsを使って、Excel 2019やExcel 2016を動作させている場合は、画面の色やデザインなどに多少の違いがある場合があります。

# 練習ファイルの使い方

## 練習ファイルをダウンロードして展開する

本書の解説に使用しているサンプルファイルは、以下のURLからダウンロードできます。

**http://gihyo.jp/book/2019/978-4-297-10589-1/support**

練習ファイルと完成ファイルは、レッスンごとに分けて用意されています。たとえば、「2-3　命令を書こう」の練習ファイルは、「02-03a」という名前のファイルです。また、完成ファイルは、「02-03b」という名前のファイルです。

## 練習ファイルをダウンロードして展開する

01

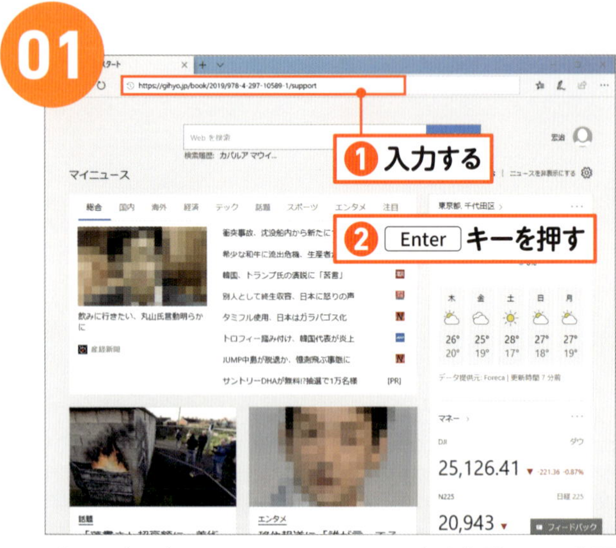


ブラウザー（ここではMicrosoft Edge）を起動して、上記のURLを入力し❶、Enter キーを押します❷。

02

表示されたページにある［ダウンロード］欄の［練習ファイル］を左クリックし❶、［保存］を左クリックします❷。

## 03

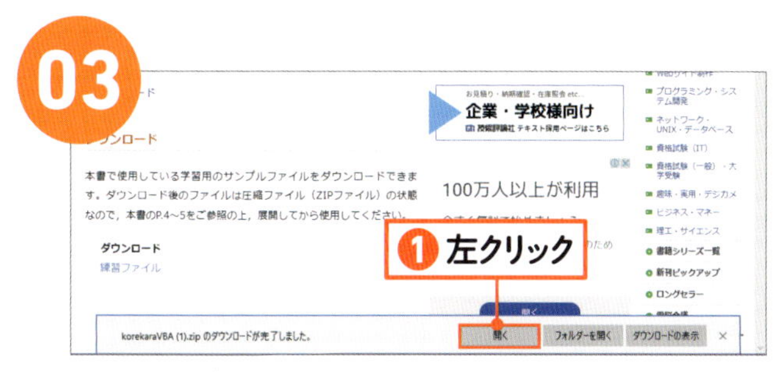


ファイルがダウンロードされます。[開く] を左クリックします❶。

## 04

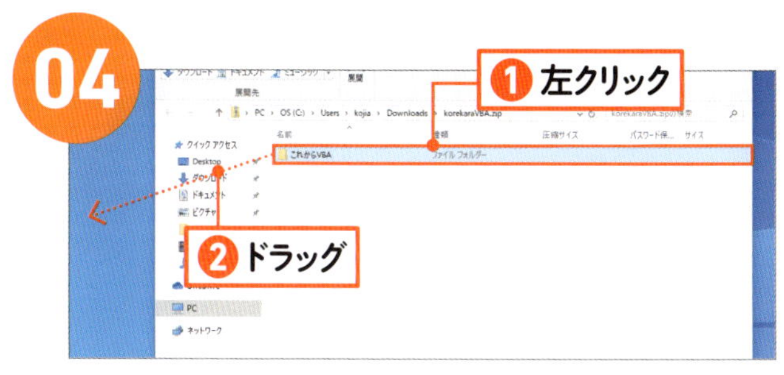


エクスプローラーの画面が開くので、表示されたフォルダーを左クリックして❶、デスクトップの何もない場所にドラッグします❷。

## 05

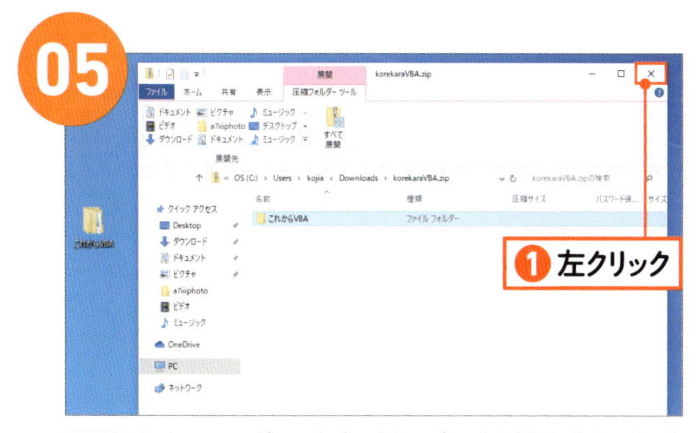


展開されたフォルダーがデスクトップに表示されます。[×] を左クリックして❶、エクスプローラーの画面を閉じます。

## 06

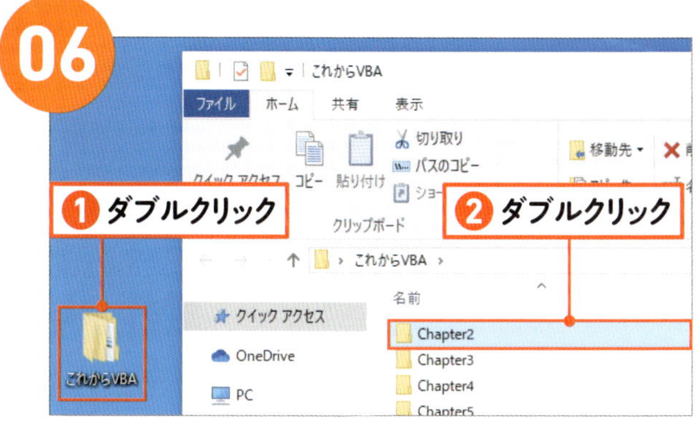


展開されたフォルダーをダブルクリックします❶。章のフォルダーが表示されるので、章のフォルダーの1つをダブルクリックします❷。

## 07

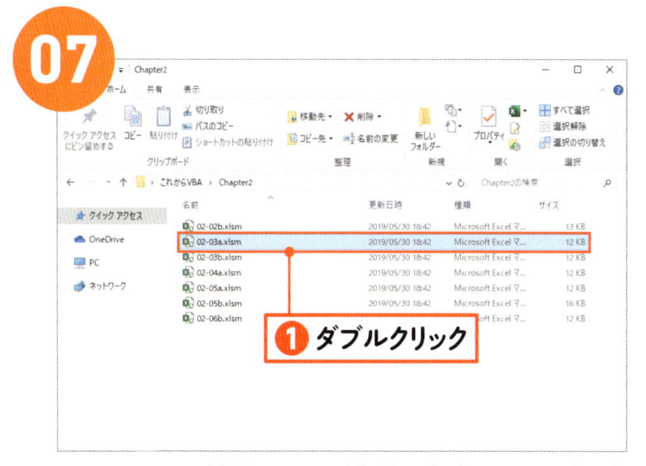


レッスンごとに、練習ファイル（末尾が「a」のファイル）と完成ファイル（末尾が「b」のファイル）が表示されます。ダブルクリックすると、Excelで開くことができます。

## 08

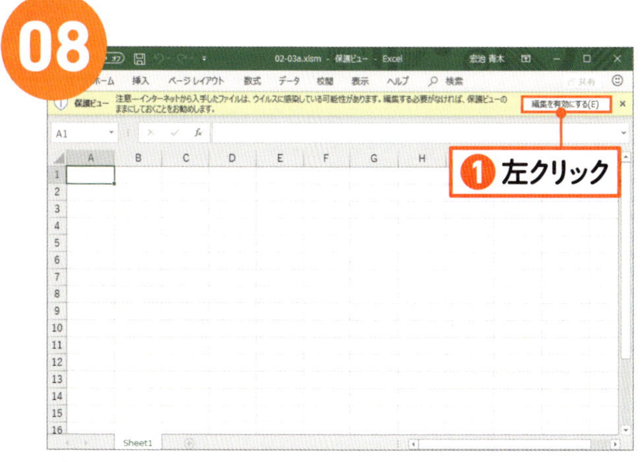


練習ファイルを開くと、図のようなメッセージが表示されます。[編集を有効にする] を左クリックすると❶、メッセージが閉じて、本書の操作を行うことができます。

# Contents

## Chapter 3 プロパティの基本を知ろう 43



## Chapter 4 メソッドの基本を知ろう 55



## Chapter 5 セルや行・列を操作しよう 67

## Chapter 9 フォームを作成しよう 123



## Q&A

## 免責

・本書に記載された内容は、情報の提供のみを目的としています。したがって、本書を用いた運用は、必ずお客様自身の責任と判断によって行ってください。これらの情報の運用の結果について、技術評論社および著者はいかなる責任も負いません。
・ソフトウェアに関する記述は、特に断りのない限り、2019 年 5 月現在の最新バージョンをもとにしています。ソフトウェアはバージョンアップされる場合があり、本書の説明とは機能や画面図などが異なってしまうこともありえます。本書の購入前に、必ずバージョンをご確認ください。
・以上の注意事項をご承諾いただいた上で、本書をご利用願います。これらの注意事項をお読みいただかずに、お問い合わせいただいても、技術評論社および著者は対処いたしかねます。あらかじめ、ご承知おきください。

## 商標、登録商標について

Chapter 1

# VBAの基本を知ろう

この章では、マクロを作るときに知っておきたい基本的な知識を紹介します。「マクロとは何か?」「マクロはどこで作るのか?」ということを何となくイメージしましょう。実際にマクロを作る操作は、2章から紹介します。

lesson.

1-1

# 「マクロ」とVBAの関係

マクロとは、VBAというプログラミング言語を使って書かれたプログラムのことです。まずは、マクロとVBAの関係を知っておきましょう。

## 図解 マクロ＝VBAで書かれたプログラム

Excelで行う操作を自動化するには、マクロというプログラムを作る方法があります。この図では日本語で指示書を書いていますが、実際のマクロは、日本語ではなくVBAという言葉（プログラミング言語）を使って書きます。

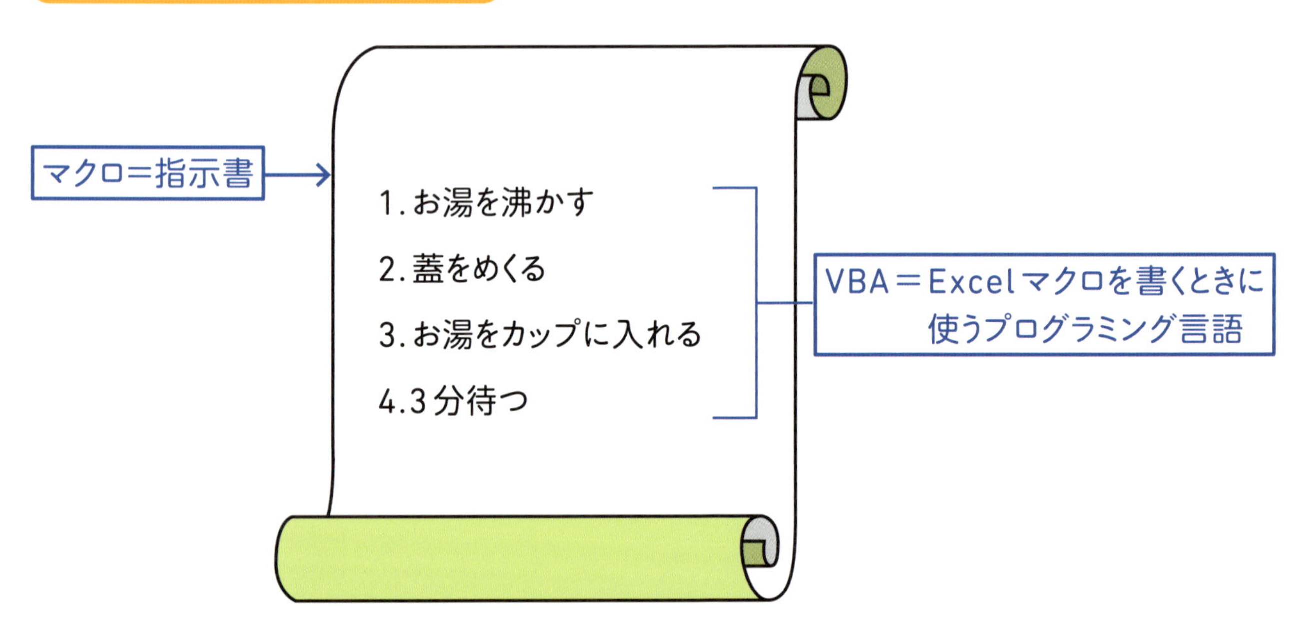
カップラーメンを作るマクロ!
マクロ＝指示書
1. お湯を沸かす
2. 蓋をめくる
3. お湯をカップに入れる
4. 3分待つ
VBA＝Excelマクロを書くときに
使うプログラミング言語

## マクロはどうやって作るの?

マクロを作るには、Excelの操作を記録して作る方法と、VBAでいちから書く方法があります。本書では、いちから書く方法を紹介します。



### 記録して作る方法

マクロの記録を開始して、マクロにしたい内容を実際にExcelで操作します。記録を終了すると、記録した内容がVBAに変換されてマクロが作られます。

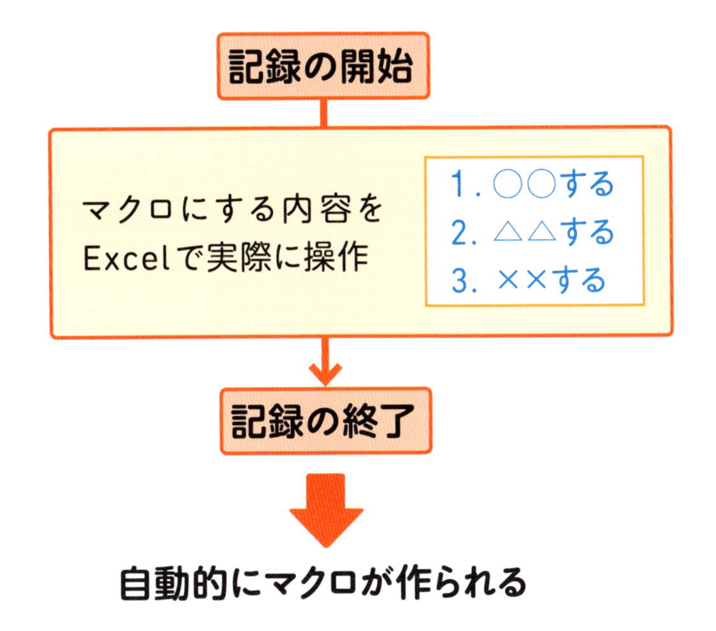


### VBAでプログラムを書いて作る方法

VBE (P.17) という画面を使って、VBAプログラムを書いて作ります。VBEは、Excelに含まれているので、特別な準備は必要ありません。VBA (Visual Basic for Applications) は、Excelでマクロを作るときに使うプログラミング言語です。

#### Check! マクロを記録して作るには?

マクロを記録するには、[開発] タブの [マクロの記録] を左クリックします。また、マクロの記録を終了するには、[開発] タブの [記録終了] を左クリックします。作ったマクロは、VBEの画面を使って修正することもできます。

lesson.

# 1-2 プログラムは「作業指示書」

マクロは、操作手順が書かれた作業の指示書のようなものです。マクロを実行すると、そこに書かれた指示どおりに操作が実行されます。

## 図解 マクロで操作を自動化するには?

マクロは、操作手順が書かれた作業の指示書です。マクロを実行すると、書かれた手順のとおりに操作が行われます。

### マクロ=指示書

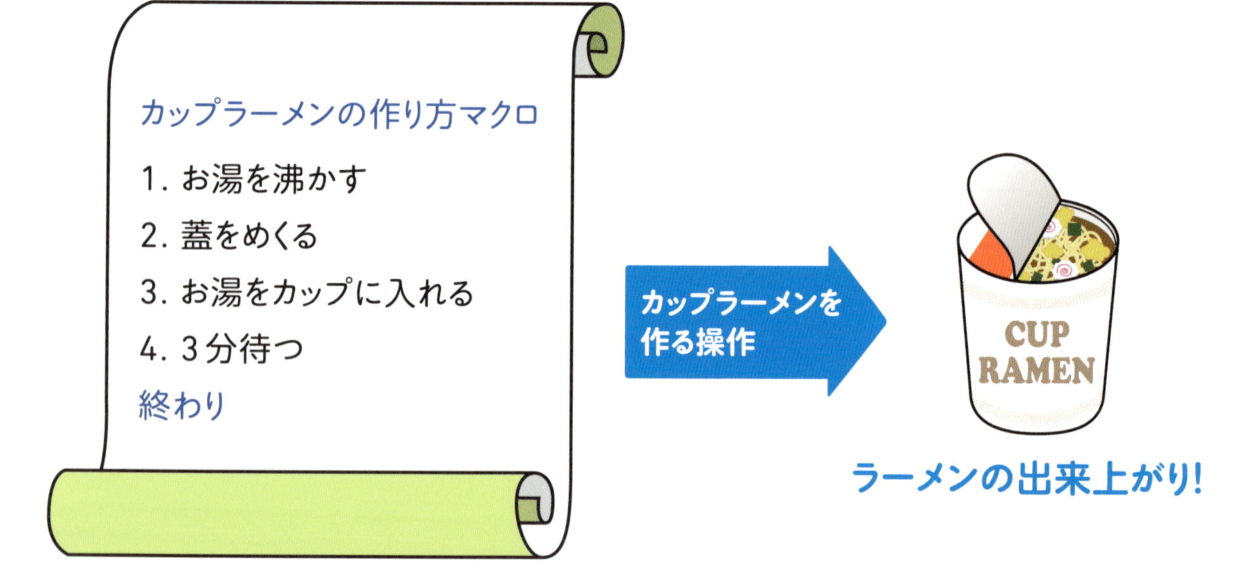
カップラーメンの作り方マクロ
1. お湯を沸かす
2. 蓋をめくる
3. お湯をカップに入れる
4. 3分待つ
終わり
カップラーメンを作る操作
CUP RAMEN
ラーメンの出来上がり!

# マクロを使うとできることは?

マクロを使うと、次のようなことができます。



## 1 操作を自動化できる

毎日のように繰り返して行う操作は、マクロを使って自動化すると便利です。たとえば、

1. 売上表を顧客番号順に並べる。
2. 指定した商品のデータのみを表示する。
3. 印刷を行う。

という操作を行うマクロを作れば、マクロを実行するだけで一連の操作が自動的に行われます。作業が効率化されて操作ミスもなくなります。

## 2 条件判定や繰り返し処理もできる

マクロを利用すると、指定した条件を満たすかどうかによって、別々の操作を行うことができます。また、ブック内のすべてのシートに対して同じ操作を行うなどの繰り返し処理も実現できます。

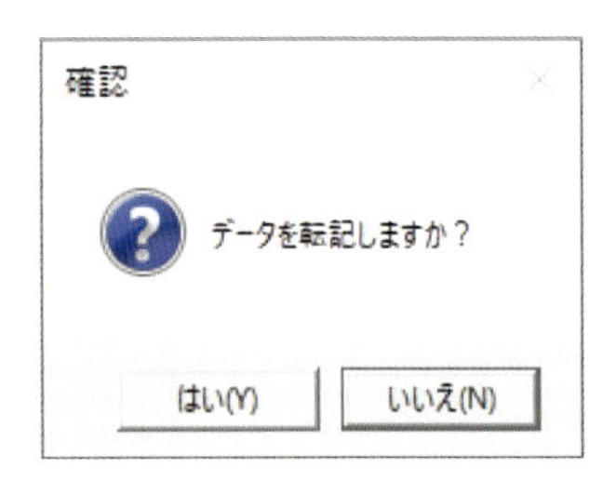


## 3 フォームを利用できる

ユーザーフォームを作ると、マクロを使うユーザーに実行する内容を指示してもらうことができます。

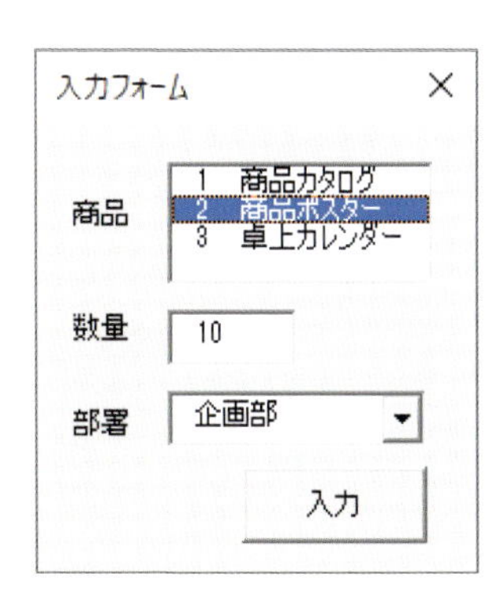


## 4 指定したタイミングで実行できる

ブックを開いたタイミングやシートを選択したタイミングなどで、自動的にマクロが実行されるようにできます（本書では紹介していません）。

## 5 その他の機能

マクロを使うと、フォルダーを作ったり削除したりするなど、ファイルを整理することもできます。また、Excelのワークシートで使えるオリジナルの関数を作ることなどもできます（本書では紹介していません）。

# 1-3 プログラムの入れ物「モジュール」と「プロシージャ」

Excelでマクロを作ったり修正したりするには、VBE（Visual Basic Editor）という道具を使います。VBEは、Excelに付いています。

## 図解 マクロはどこに書くの？

基本的なマクロは、標準モジュールというマクロを書くシートを用意して作ります。標準モジュールの中には、複数のマクロをまとめて書くこともできます。

### 標準モジュール＝マクロを書くシート

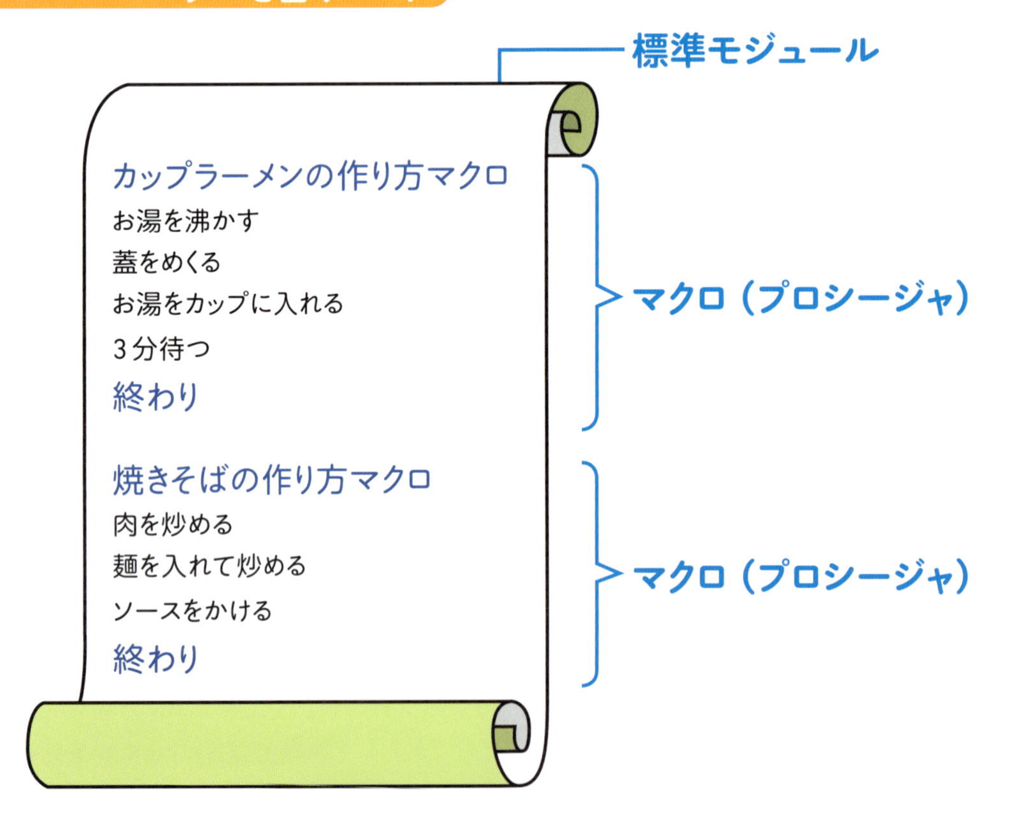

## VBEの画面

VBEの画面では、基本的なマクロを書くための標準モジュールを追加できます。VBEを起動する方法はP.28、標準モジュールを追加する方法はP.31で紹介します。

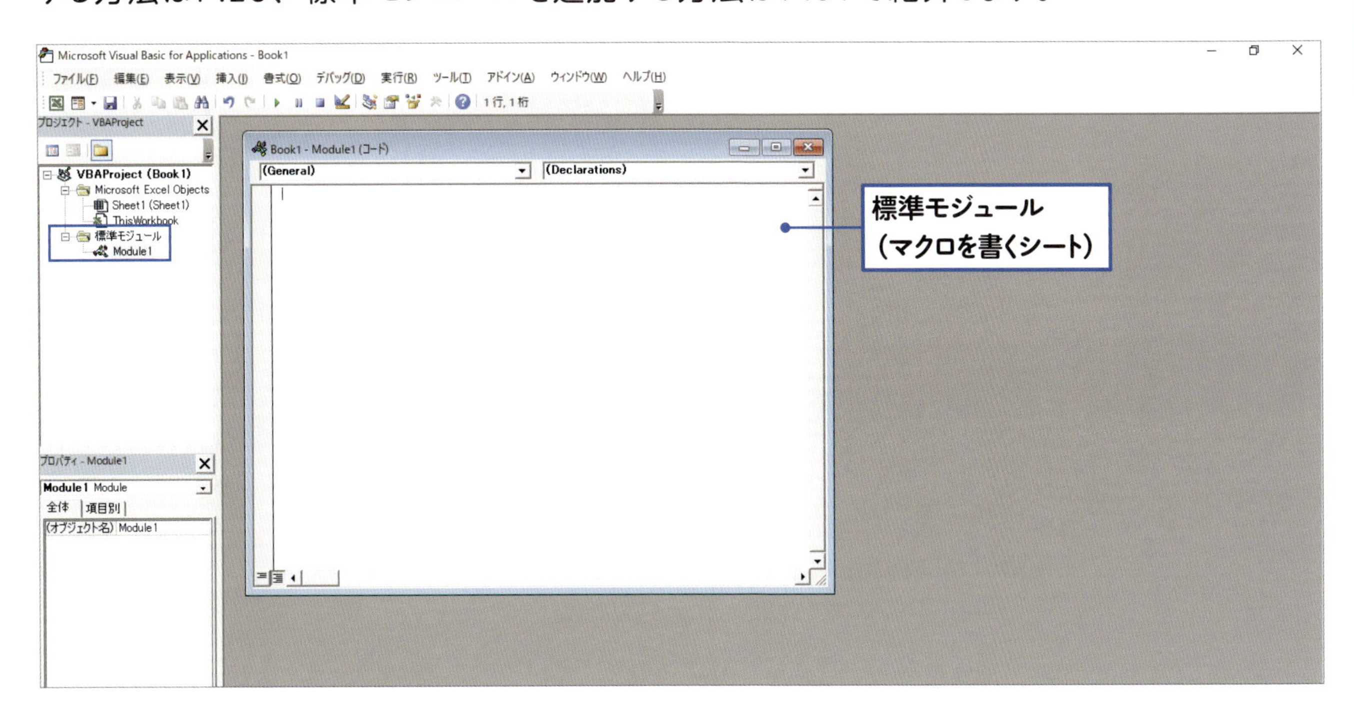


理解しよう!

## モジュールとは?

モジュールとは、マクロを書くシートのことです。モジュールには、「Microsoft Excel Objects」「フォームモジュール」「標準モジュール」「クラスモジュール」という4つの種類があります。基本的なマクロは、「標準モジュール」というモジュールを使用します。

## マクロとプロシージャ

マクロのことを、VBAではプロシージャと呼ぶことがあります。マクロを書く標準モジュールには、複数のマクロ(プロシージャ)を書くことができます。

# 1-4 「作業指示」は1行ずつ細かく順番に

マクロを書くときは、作業の手順にそって、上から順に操作内容を書きます。ひとつの内容を書いたら改行し、1行ずつ順に書きます。

## 図解 マクロを実行するとは？

マクロを実行すると、基本的には上に書いてある指示から順番に操作が行われます。最後の内容を実行すると、マクロの実行が終了します。

マクロは上から順番に実行される

カップラーメンの作り方マクロ

1. お湯を沸かす
2. 蓋をめくる
3. お湯をカップに入れる
4. 3分待つ

終わり

マクロを実行すると…

CUP RAMEN

3min

出来上がり！

## 操作が行われる順番は?

マクロを実行すると、基本的には上から順に操作が行われます。ただし、次のような場合は、必ずしも上から順に実行されるわけではありません。

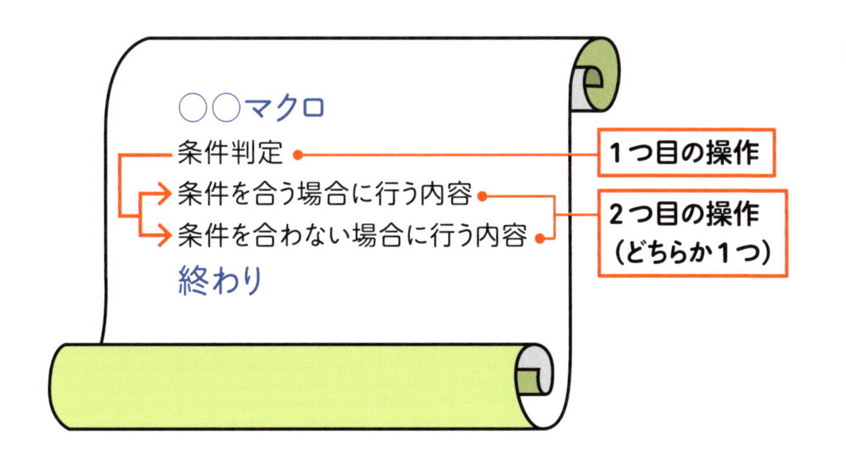


### 1 条件分岐

指定した条件を満たす場合とそうでない場合とで、別々の操作を行うようにします。7章で紹介しています。

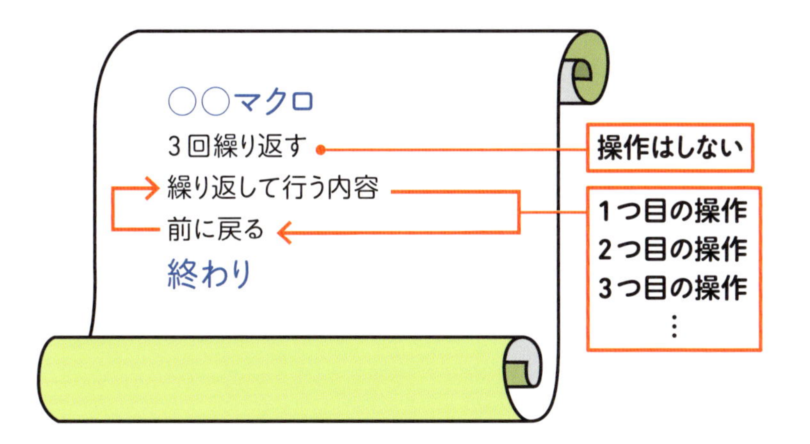


### 2 繰り返し処理

決められた書き方をすることで、同じことを何度か繰り返す操作を簡単に書けます。8章で紹介しています。

### Check! マクロの実行方法

マクロを実行する方法はいくつもあります。P.39では、Excelの画面から簡単にマクロを実行できるように、実行用のボタンを作る方法を紹介しています。

# 1-5 Excelへの指示は「オブジェクト」に出す

Excelでは、操作対象のセルやグラフ、シートなどを選択して操作を行います。VBAでは、オブジェクトというものを指定して、操作の内容を書きます。

## 図解 操作対象の「物」=オブジェクト

操作を行う「物」のことを、オブジェクトといいます。セルやシート、ブックなどのExcelの部品は、全部オブジェクトです。オブジェクトを指定すると、オブジェクトにさまざまな指示を出せます。

**Excelの部品は全部オブジェクト!**

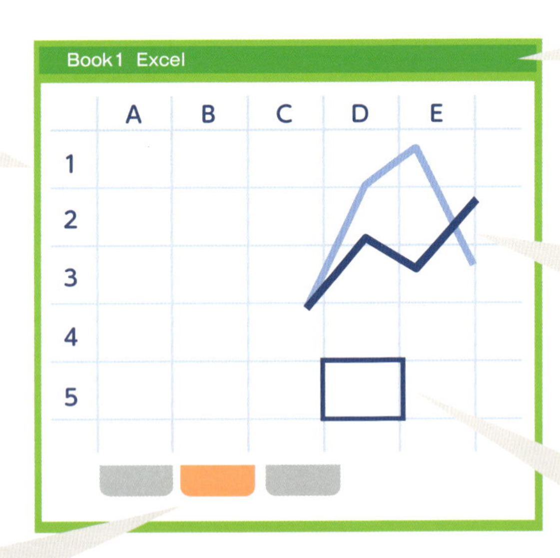

## オブジェクトは階層構造になっている

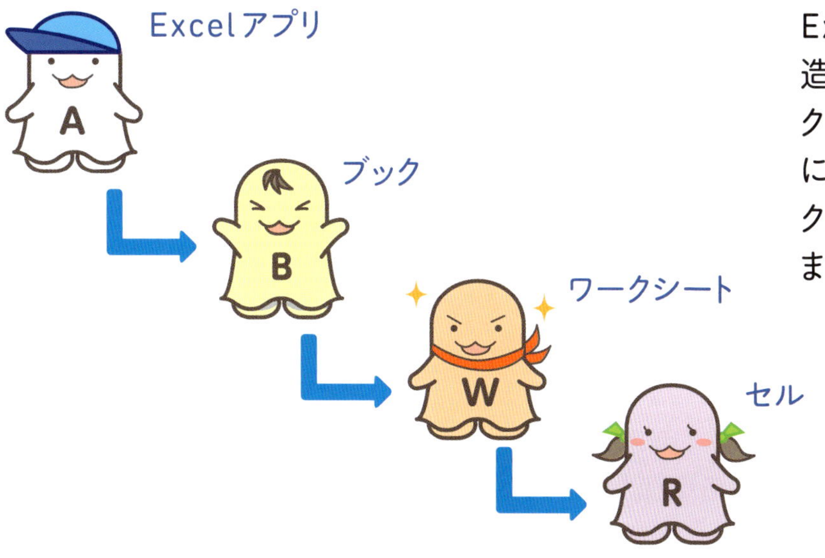


Excelのオブジェクトは、階層構造で管理されています。○○ブックの○○シートの○○セルのように、上の階層から順番にオブジェクトを指定します。P.83で紹介します。

### Check!

Excelで操作をするとき、まず操作対象のセルやグラフなどをマウスなどで選択してから、タブやリボンなどを使って操作します。同様に、VBAでも、操作対象のオブジェクトを指定してから指示をします。ただしVBAでは、選択しなくても、目的のオブジェクトを操作できます。たとえば、図のように「Book1」ブックの「Sheet1」シートの「A1」セルを選択している場合でも、「Book2」ブックの「Sheet2」シートの「B3」セルに対して指示ができます。

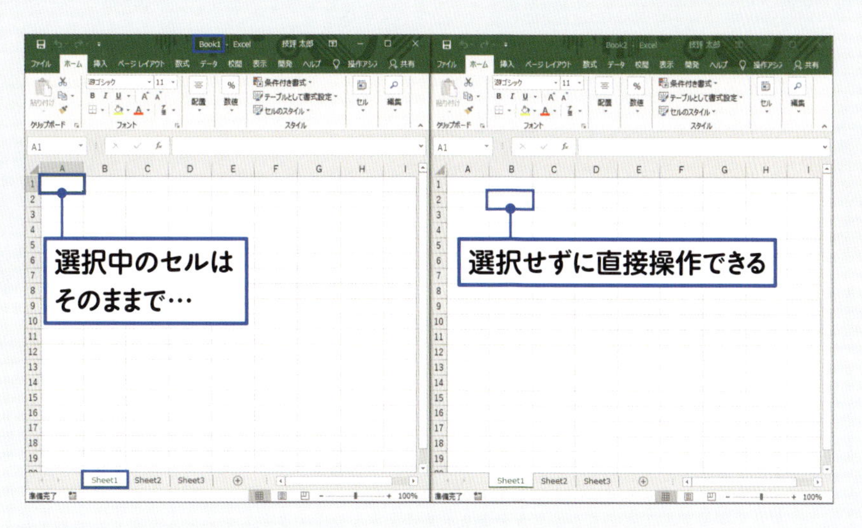

# 1-6 オブジェクトの中には何がある?

オブジェクトは、自分の中にプロパティやメソッドというものを持っています。また、イベントという、タイマーのようなしくみを利用して操作できます。

## 図解 オブジェクトの持ち物とは?

マクロを書くときは、オブジェクトが持っているプロパティやメソッドを利用してオブジェクトに指示をします。また、イベントと呼ばれるものを使うと、特定のタイミングに合わせて命令することもできます。なお、オブジェクトの種類によって、プロパティやメソッド、イベントは異なります。

### オブジェクトの持ち物を使って指示を出す!

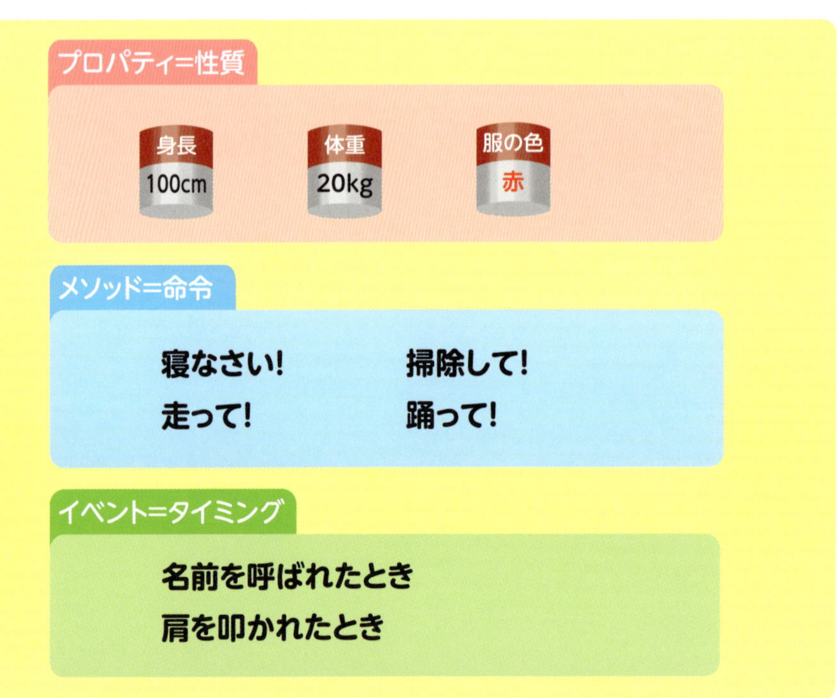

## 理解しよう! プロパティとは?

**内容を知るときの書き方**

オブジェクト君.身長

オブジェクト君の身長「100cm」が得られる

**内容を設定するときの書き方**

オブジェクト君.服の色=青

オブジェクト君の服の色を青にする

プロパティとは、オブジェクトの性質を表すものです。オブジェクトのプロパティの内容を知ったり、プロパティの内容を設定したりできます。

## 理解しよう! メソッドとは?

**動作を指示するときの書き方**

オブジェクト君.走って

オブジェクト君に「走って」と命令する

メソッドとは、オブジェクトに命令をするものです。操作を指示するときに使います。

## 理解しよう! Excelのオブジェクトの場合は?

Excelでは、オブジェクトごとにさまざまなプロパティやメソッドが用意されています。たとえば、シートを表すオブジェクトには、次のようなものがあります。

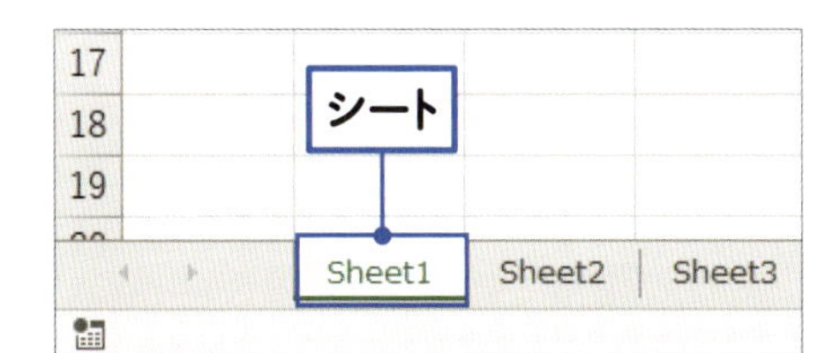


**プロパティ(例)**

・シート名
・表示/非表示の状態
・シートの種類

**メソッド(例)**

・削除する
・コピーする
・印刷する

### Check! オブジェクトを指定するプロパティやメソッド

プロパティやメソッドの中には、オブジェクトを指定するためのものもあります。オブジェクトは階層構造で管理されています(P.21)。多くの場合、上位のオブジェクトのプロパティやメソッドを利用して目的のオブジェクトを指定します。

# 第1章 練習問題

## 1

**マクロとは何ですか?**

① Excelのブックのことです。

② 操作手順が書かれたプログラムのことです。

③ 図形を書く機能のことです。

## 2

**Excelのマクロは、どのようなプログラミング言語を使って書きますか?**

① VBE　② VBA　③ VB

## 3

**Excelのマクロでは、何に対して指示をしますか?**

① オブジェクト　② タブ　③ リボン

Chapter 2

# プログラムを書いてみよう

この章では、メッセージ画面を表示する簡単なマクロを作ります。VBEという画面を表示して、いちからマクロを書いて、作ったマクロを実行するまでの手順を確認しましょう。また、マクロが入っているブックを保存する方法も紹介します。

lesson.

# 2-1 VBAを書く画面を表示しよう

Excelのマクロをいちから作るには、VBEという道具を使います。まずは、VBEの画面を表示してマクロを書く準備をしましょう。

## 図解 VBEとは?

Excelでマクロを作ったり修正したりするときは、VBEという道具を使います。Excelの画面とVBEの画面を切り替えながら操作します。ここでは、マクロを作成するときに表示しておくと便利な[開発]タブを表示し、[開発]タブからVBEを起動します。

### ExcelとVBEは切り替えて使う!

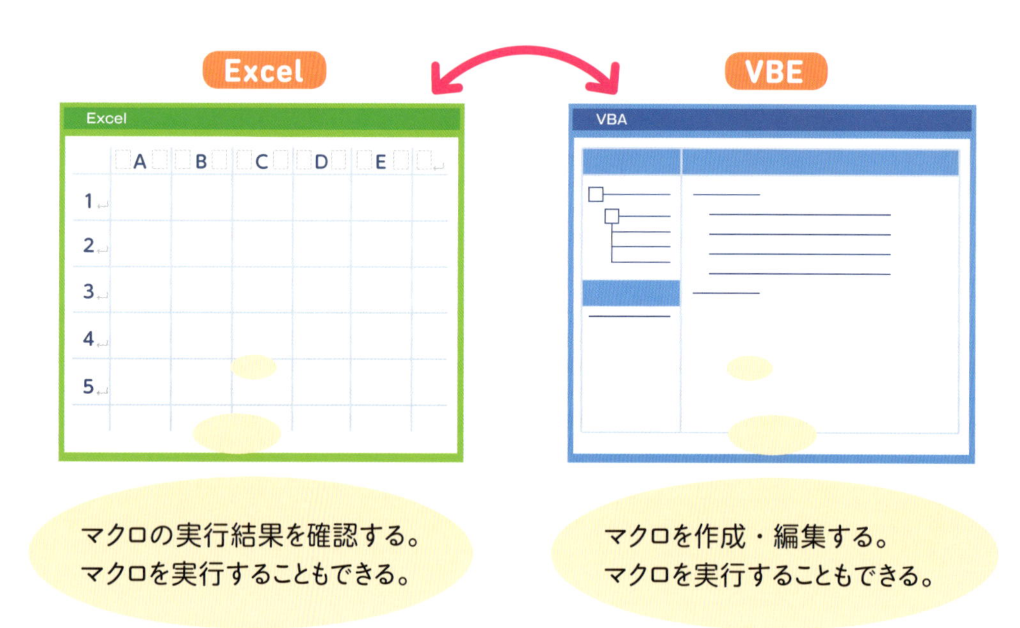
Excel
VBE
Excel
A
B
C
D
E
1
2
3
4
5
VBA
マクロの実行結果を確認する。
マクロを実行することもできる。
マクロを作成・編集する。
マクロを実行することもできる。

## やってみよう! [開発] タブを表示する

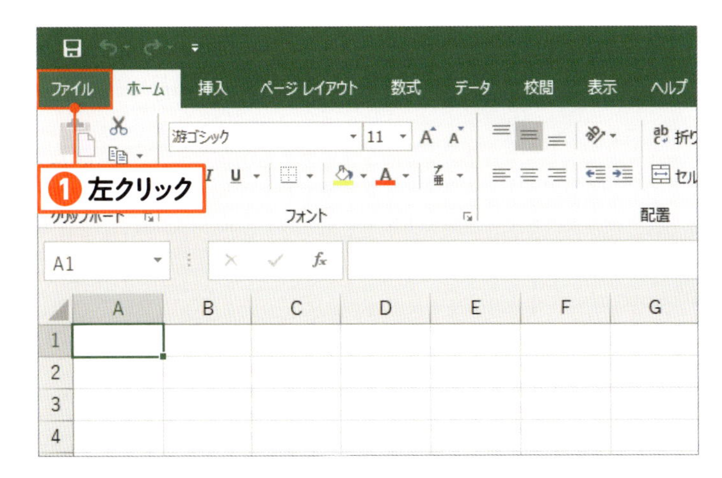

### タブを左クリックする

[ファイル] タブを左クリックします❶。

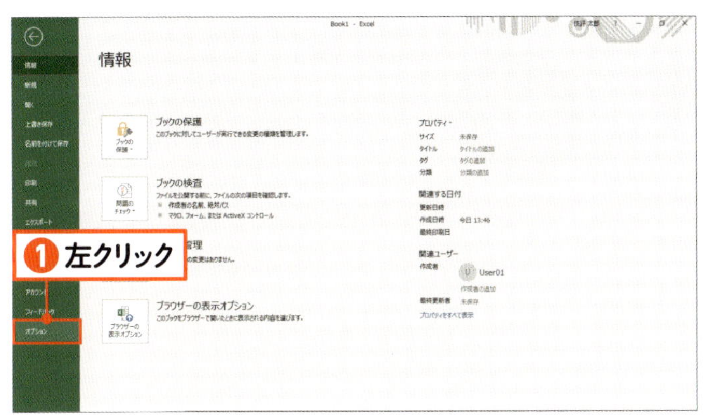

### オプション画面を開く

[オプション] を左クリックします❶。

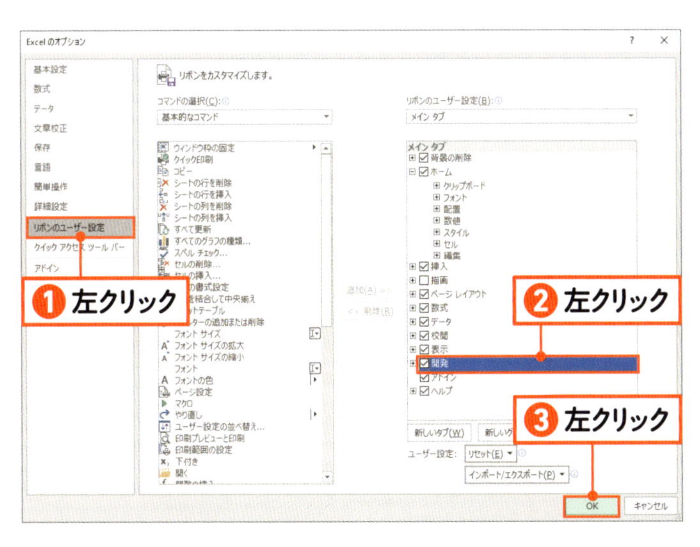

### [開発] タブを表示する

[リボンのユーザー設定] を左クリックします❶。[開発] を左クリックして❷、[OK] を左クリックします❸。

## やってみよう! VBEの画面を表示する

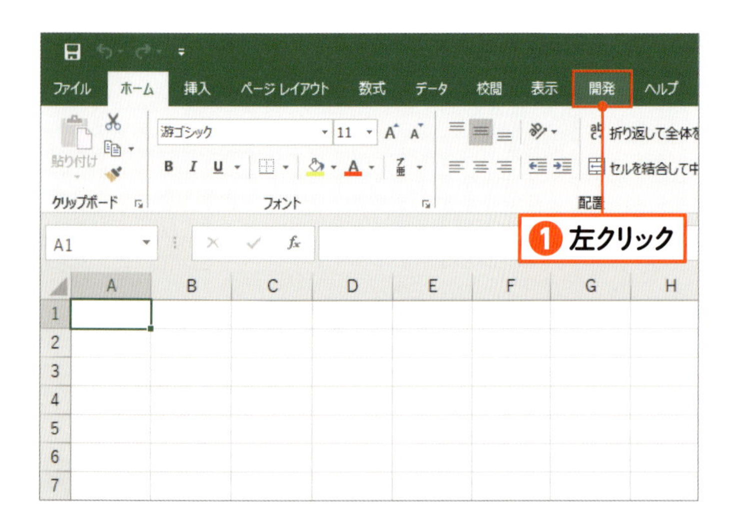

### [開発] タブを選択する

[開発] タブを左クリックします❶。

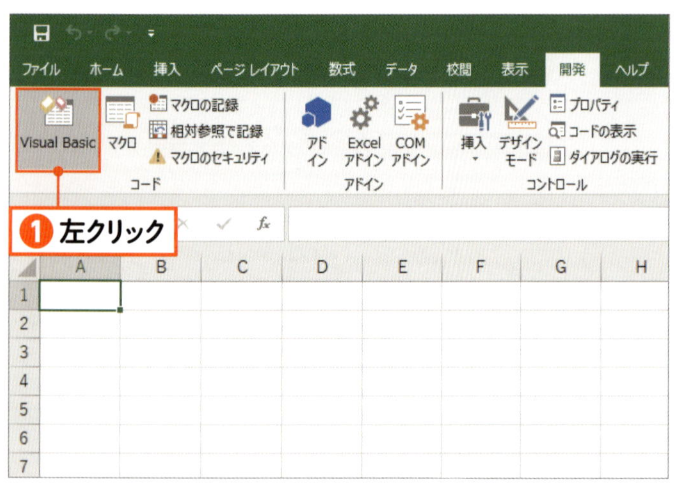

### [開発] タブが表示される

[開発] タブが表示されます。[Visual Basic] を左クリックします❶。

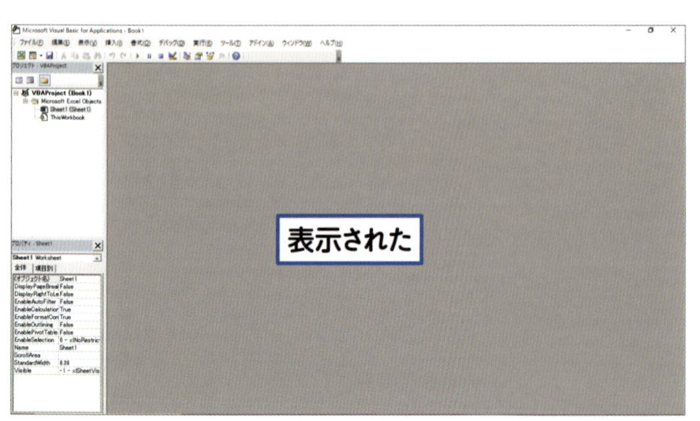

### VBEが表示される

VBEが起動して画面が表示されます。

**memo**

Excel画面で Alt ＋ F11 キーを押しても、VBEを表示することができます。

## VBEの画面構成

VBEの画面は、次のような構成になっています。

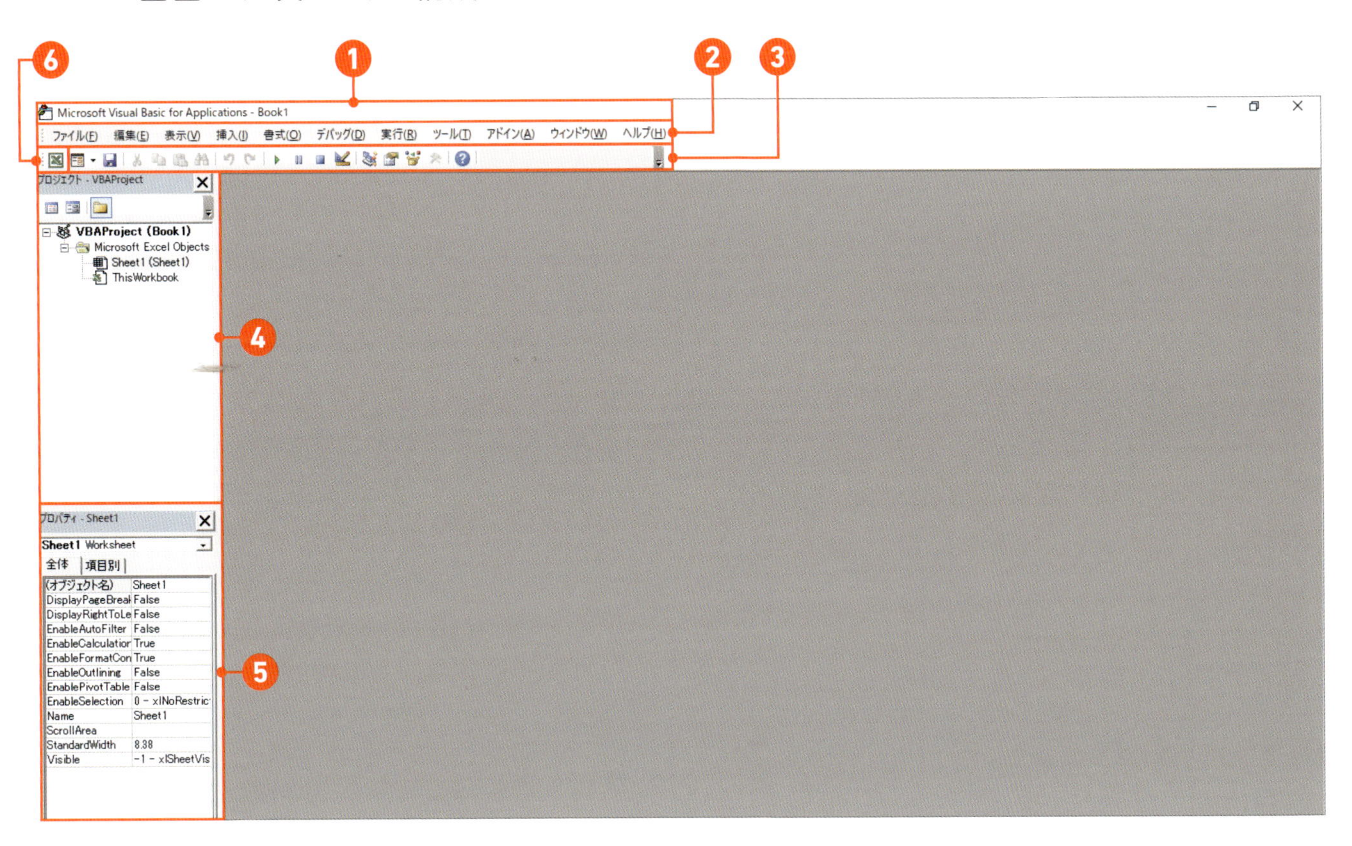


### ❶ タイトルバー

プロジェクトエクスプローラーで選択しているブックの名前が表示されます。

### ❷ メニューバー

操作のメニューが表示されます。

### ❸ ツールバー

よく使う機能のボタンが表示されます。［表示］タブの［ツールバー］から表示するツールバーを選択できます。

### ❹ プロジェクトエクスプローラー

開いているブックと、含まれるシート、マクロを書く標準モジュールなどが表示されます。

### ❺ プロパティウィンドウ

プロジェクトエクスプローラーで選択している項目の詳細などが表示されます。

### ❻ 表示 Microsoft Excel

ここをクリックすると、Excel画面に切り替わります。

完成ファイル：02-02b

# プログラムを書こう

# 2-2

メッセージ画面を表示する簡単なマクロを作ってみましょう。まずは、マクロを書く標準モジュールを用意してマクロを作る準備をします。

## 理解しよう! マクロを書くには?

基本的なマクロを書くには、標準モジュールというシートを用意します。ここでは、VBEの画面に切り替えて、標準モジュールを追加して、マクロを書く準備をします。標準モジュールのコードウィンドウを開くには、プロジェクトエクスプローラの標準モジュールの名前をダブルクリックします。

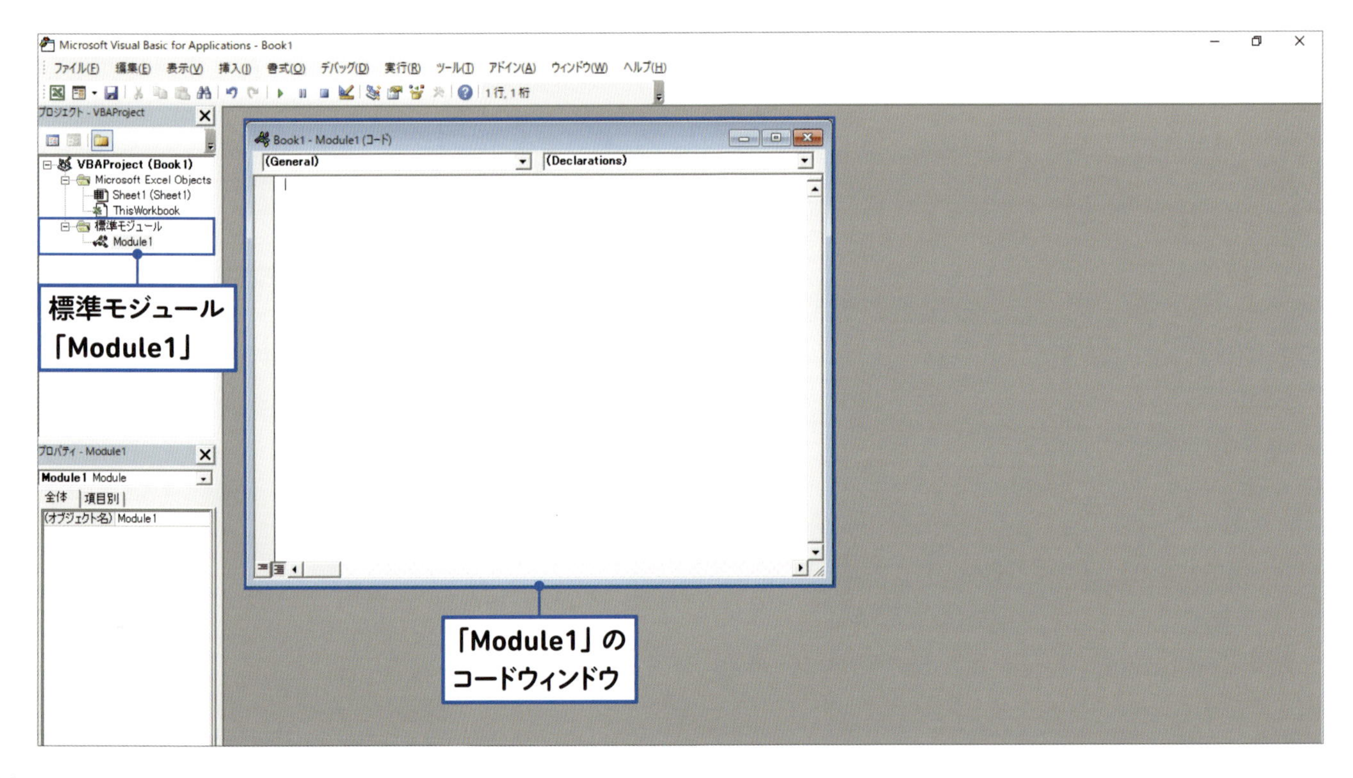

# やってみよう! 標準モジュールを追加する

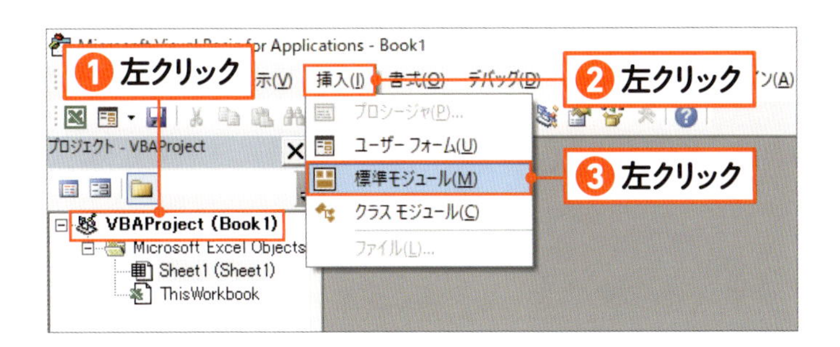

## 01 モジュールを追加する

標準モジュールを追加するブックを左クリックします❶。［挿入］を左クリックし❷、［標準モジュール］を左クリックします❸。

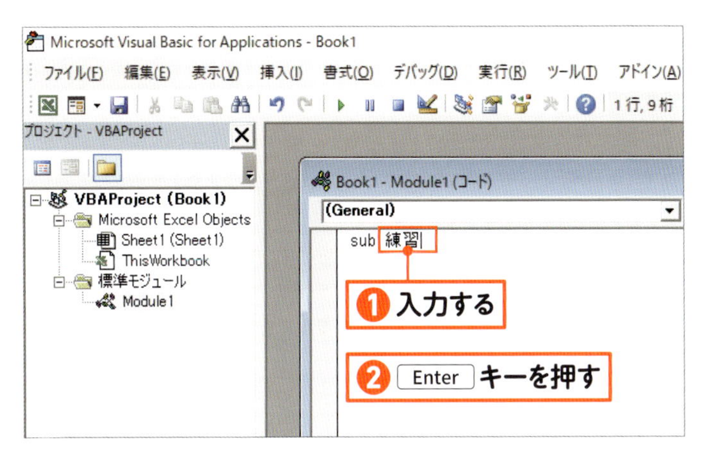


## 02 マクロ名を入力する

標準モジュールが追加されます。マクロを書くコードウィンドウが表示されます。「Sub」と入力後に半角スペースを入力し、マクロ名（ここでは「練習」）を入力します❶。Enter キーを押します❷。

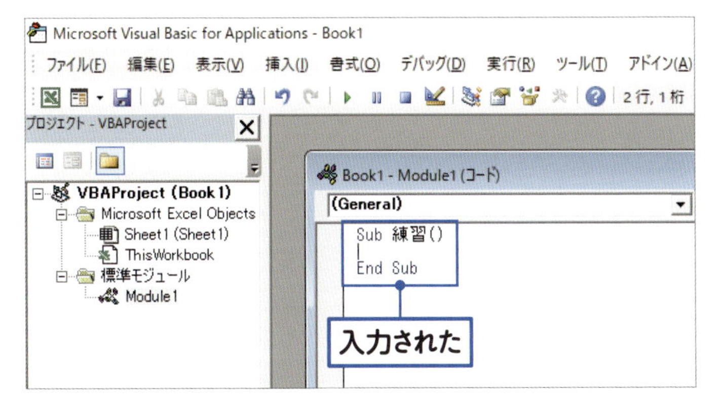


## 03 マクロが作られた

マクロ名のあとの「()」や、「End Sub」の文字が入力されます。基本的なマクロは、「Sub」から始まり「End Sub」で終わります。この間にマクロの内容を書きます。

### Check! マクロ名の指定方法

マクロ名の先頭文字は、英字やひらがな、漢字にします。数字は指定できません。また、VBAで使われているキーワードや記号などは指定できません。「_」（アンダーバー）は指定できます。

練習ファイル：02-03a　完成ファイル：02-03b

lesson. 2-3

# 命令を書こう

マクロの内容を書きましょう。ここでは、指定した文字をメッセージ画面に表示するという内容を書きます。

## 書き方　メッセージを表示するには？

VBAでは、VBA関数という便利な道具を利用できます。たとえば、メッセージ画面に文字を表示するには、MsgBox関数を使います。
MsgBoxのあとに半角のスペース（空白文字）を入力し、メッセージ画面に表示する文字を「"」（ダブルクォーテーション）で囲って指定します。MsgBox関数については、P.96で詳しく紹介します。

### 「おはよう」のメッセージを表示する

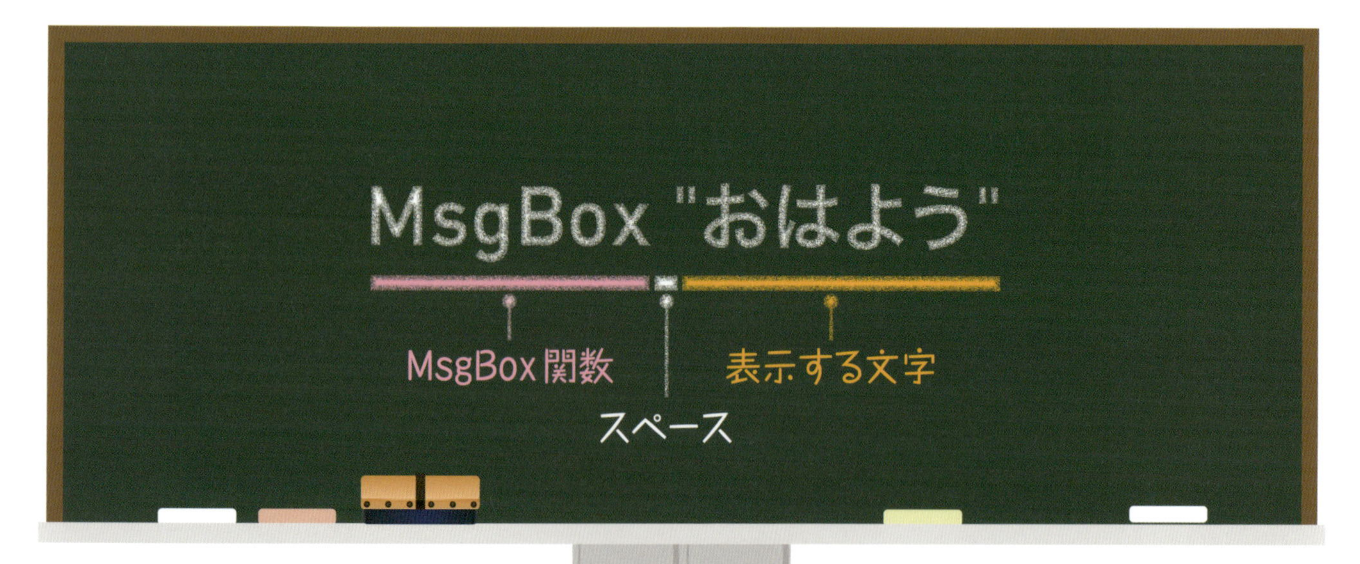

## やってみよう! メッセージを表示する関数を入力する

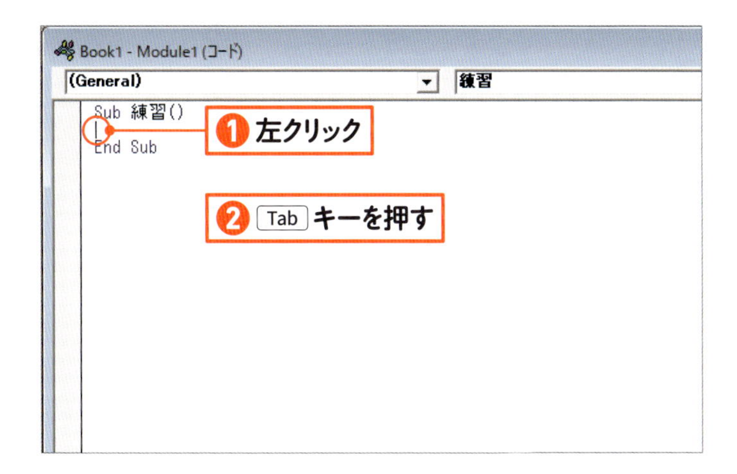


### 01 入力箇所を指定する

マクロ名の次の行の行頭を左クリックします①。 Tab キーを押して字下げします②。

**memo**

マクロを書くときは、字下げを利用して、あとから見たときにも読みやすいように工夫をします。字下げを解除するには、 Shift キー＋ Tab キーを押します。

### 02 関数を入力する

「msgbox」と入力し、半角のスペースを入力します①。

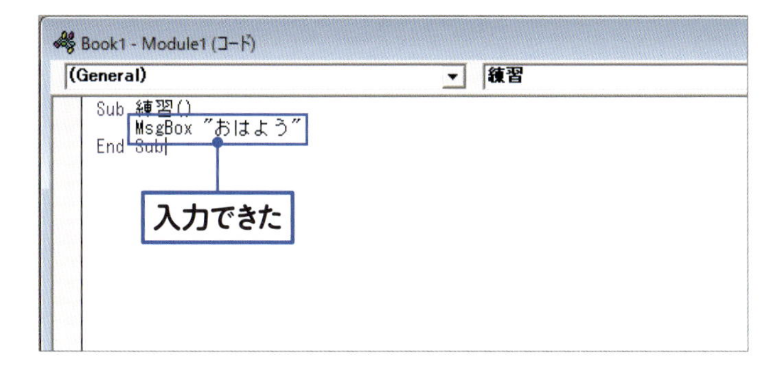


### 03 文字を入力する

半角の「"」を入力して、表示する文字列（ここでは「おはよう」）を入力し、最後に半角の「"」を入力します。他の行を左クリックすると、「msgbox」が「MsgBox」に変わります。

### Check! マクロを削除する

マクロを削除するには、「Sub」から「End Sub」までをマウスでドラッグするなどして選択し、 Delete キーを押します。また、標準モジュールを削除するには、プロジェクトエクスプローラーで削除する標準モジュールを右クリックし、「（モジュール名）の解放」を左クリックします。「削除する前に（モジュール名）をエクスポートしますか?」のメッセージが表示されたら「いいえ」を左クリックします。

練習ファイル : 02-04a

# 2-4 プログラムを実行しよう

VBEの画面からマクロを実行してみましょう。ここでは、前のSectionで作った、メッセージ画面を表示するマクロ（「練習」マクロ）を実行します。

## マクロを実行するには?

VBEの画面からマクロを実行するには、実行するマクロの名前を確認してから操作します。ここでは、メッセージを表示するマクロを実行してみます。

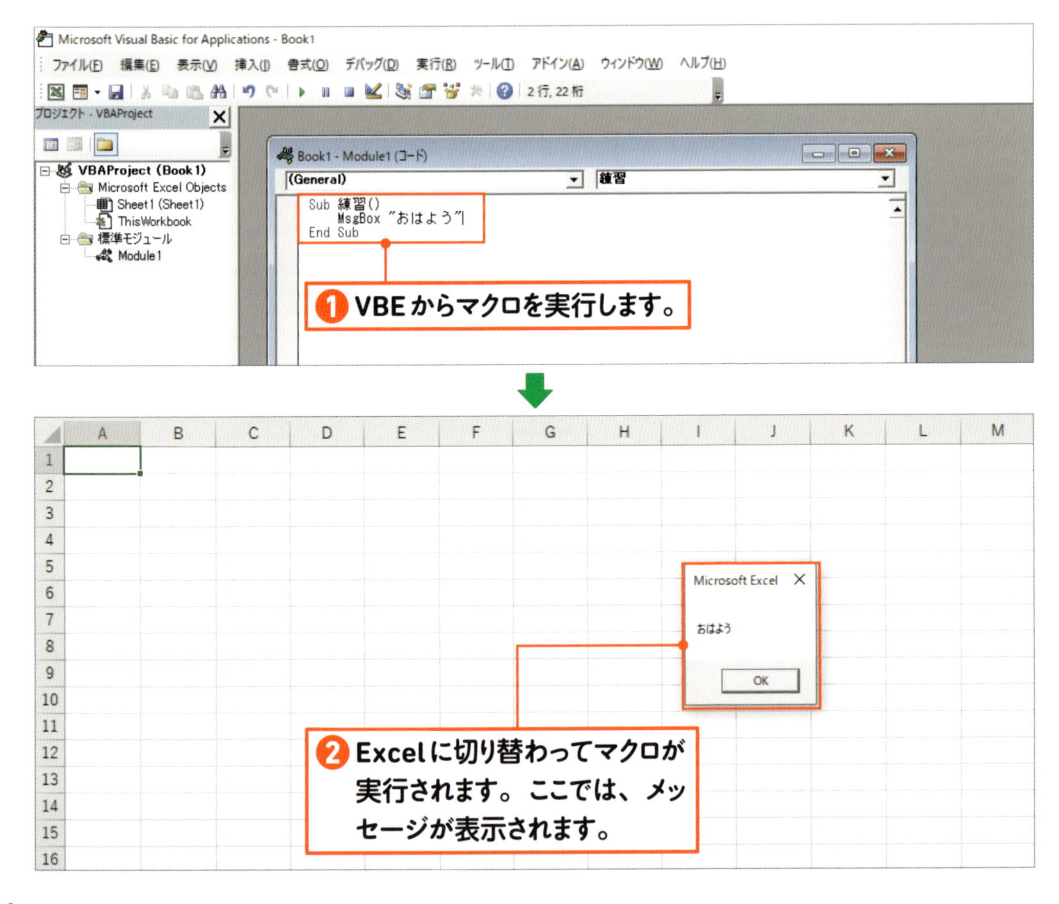

# マクロを実行する

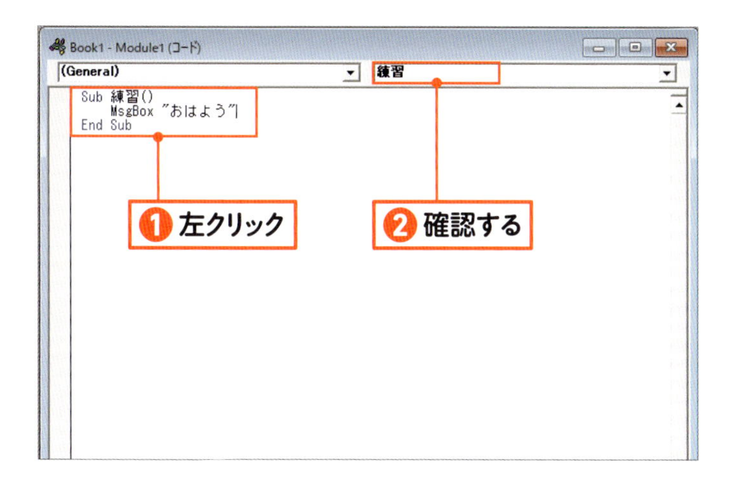

## 01 マクロを指定する

実行するマクロの「Sub」から「End Sub」までの中のいずれかを左クリックします❶。実行するマクロの名前（ここでは「練習」）が右上に表示されていることを確認します❷。

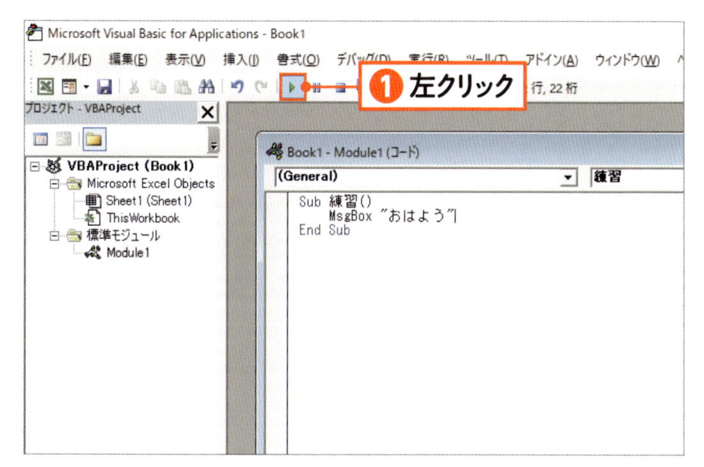

## 02 マクロを実行する

[Sub/ユーザーフォームの実行] を左クリックします❶。

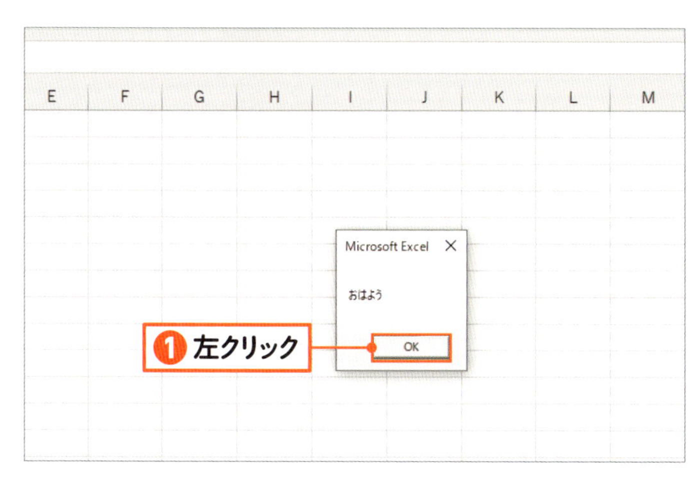

## 03 マクロが実行された

メッセージが表示されます。[OK] を左クリックします❶。

lesson.

2-5

練習ファイル：02-05a　完成ファイル：02-05b

# Excelからマクロを実行しよう

マクロは、Excelからも実行できます。簡単に実行するには、マクロを実行するボタンを作ると便利です。

## 理解しよう! Excelから簡単にマクロを実行するには?

Excelからマクロを実行する方法は複数あります。たとえば、マクロの一覧画面を表示して実行するマクロを選択したり、マクロを実行するボタンをワークシートやクイックアクセスツールバーに追加したりする方法があります。

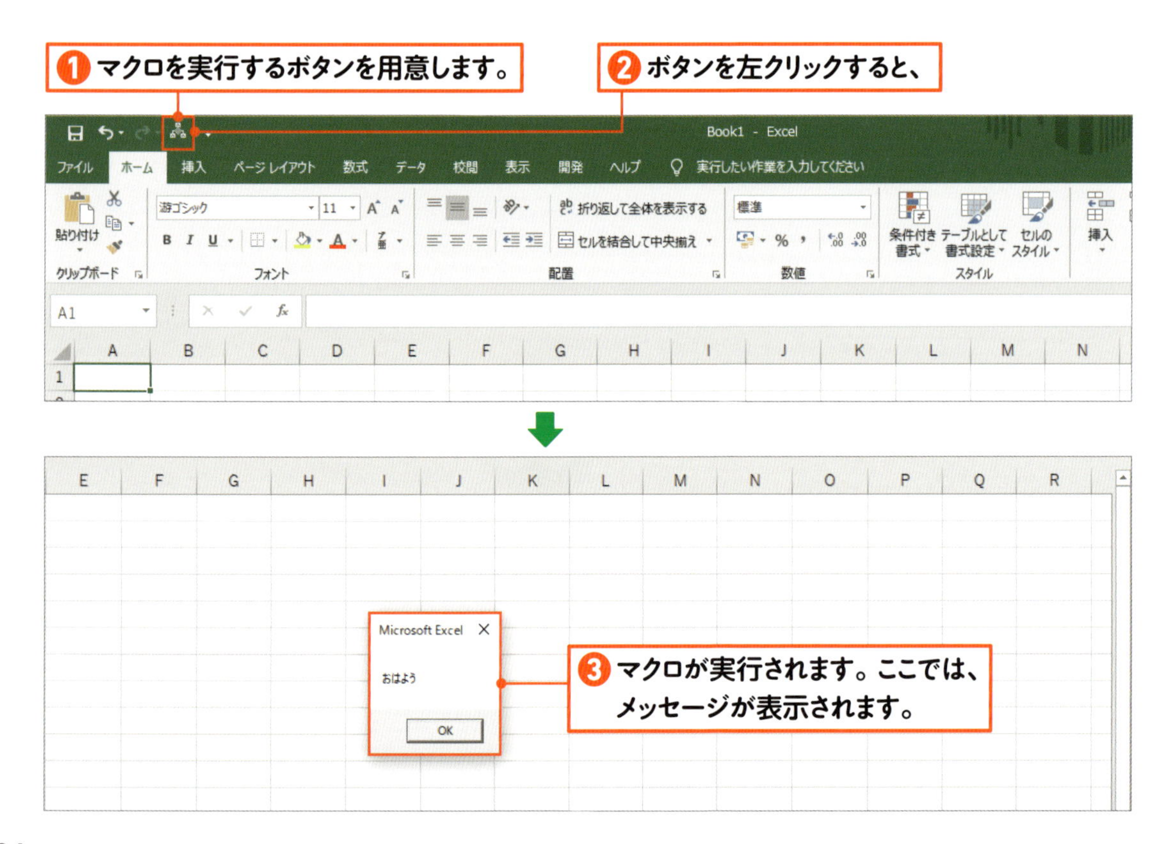

①マクロを実行するボタンを用意します。
②ボタンを左クリックすると、
Book1 - Excel
Microsoft Excel
おはよう
OK
③マクロが実行されます。ここでは、メッセージが表示されます。

## やってみよう! クイックアクセスツールバーにボタンを追加する

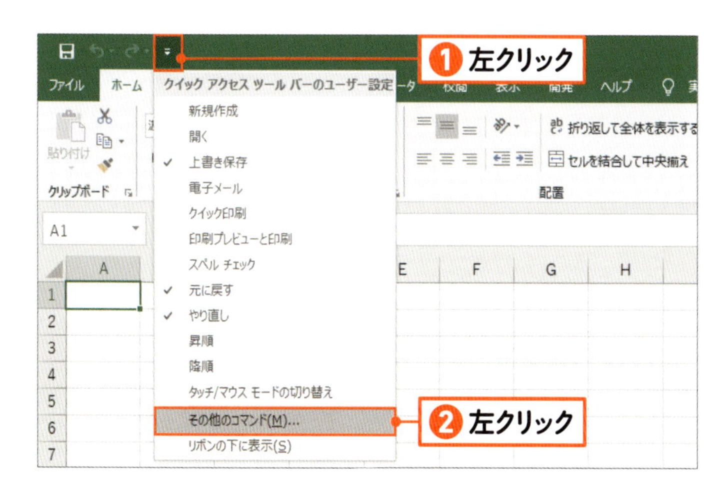

### 01 設定画面を開く

[クイックアクセスツールバーのユーザー設定]を左クリックし❶、[その他のコマンド]を左クリックします❷。

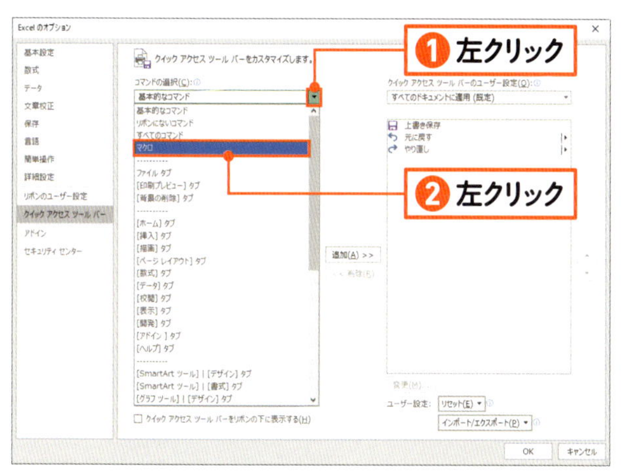

### 02 ボタンを追加する

[コマンドの選択]の[▼]を左クリックして❶、[マクロ]を左クリックします❷。

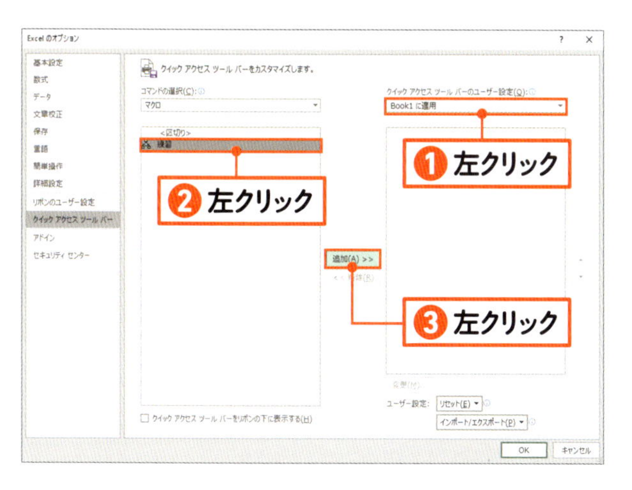

### 03 マクロを選択する

[クイックアクセスツールバーのユーザー設定]の[▼]を左クリックして[○○に適用]を選択します❶。追加するマクロ(ここでは「練習」マクロ)を左クリックします❷。[追加]を左クリックします❸。

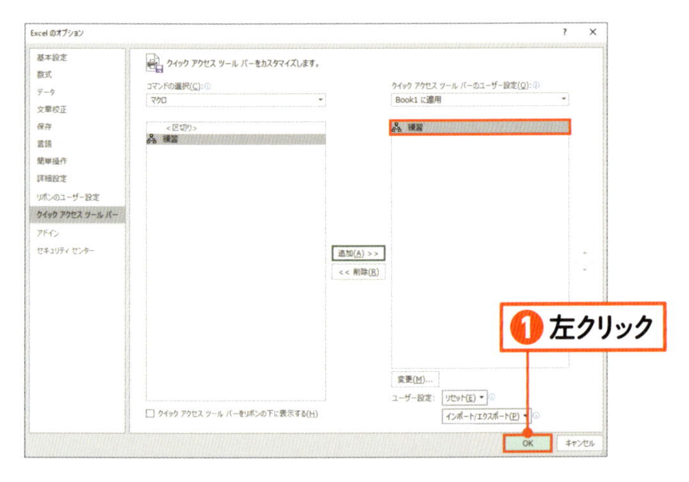

## 04 設定画面を閉じる

マクロが追加されます。［OK］を左クリックします❶。

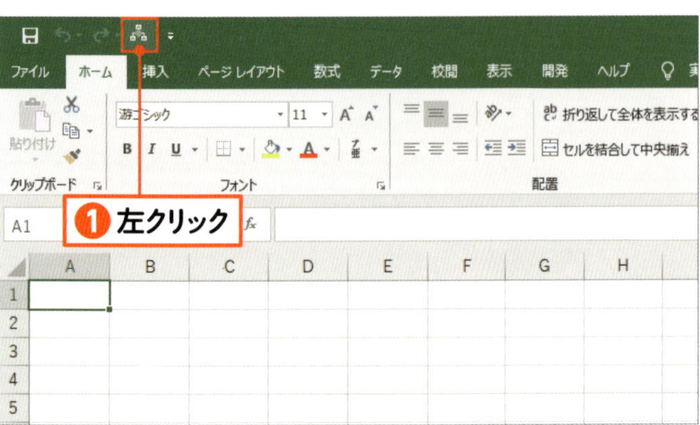

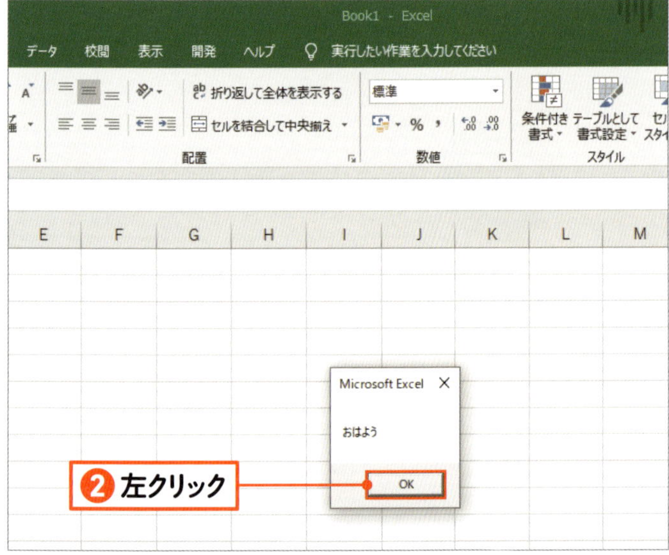

## 05 マクロを実行する

クイックアクセスツールバーにマクロを実行するボタン が追加されます。ボタンを左クリックします❶。すると、マクロが実行されてメッセージが表示されます。［OK］を左クリックします❷。

**memo**

［開発］タブの［マクロ］を左クリックすると、マクロの一覧が表示されます。一覧からマクロを選択して［実行］を左クリックしても、マクロを実行できます。

# やってみよう! シートにボタンを追加する

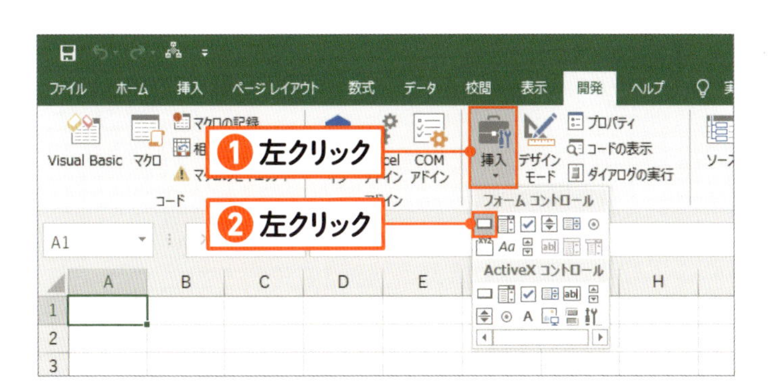


## 01 ボタンを選択する

［開発］タブの［挿入］を左クリックし❶、［ボタン（フォームコントロール）］を左クリックします❷。

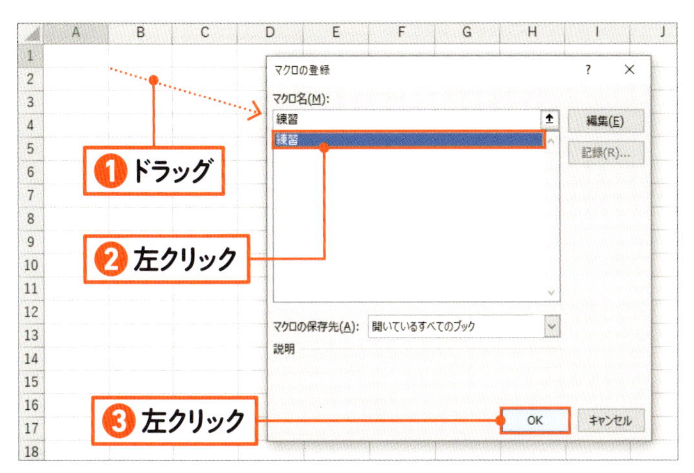


## 02 ボタンを追加する

ボタンを作る場所をドラッグします❶。［マクロの登録］画面が表示されます。ボタンに割り当てるマクロ（ここでは「練習」マクロ）を左クリックします❷。［OK］を左クリックします❸。

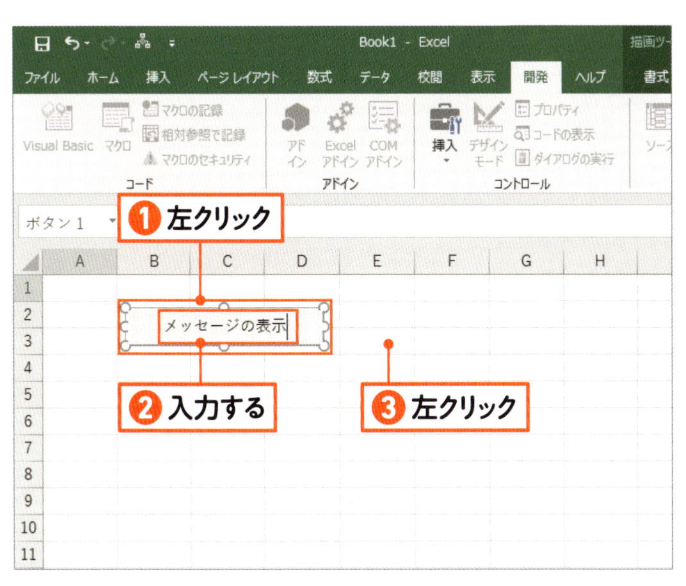


## 03 文字を入力する

ボタン内を左クリックして❶、ボタンに表示する文字を入力します❷。ボタン以外の場所を左クリックします❸。ボタンを左クリックすると、マクロが実行されます。

**memo**

ボタンの文字を修正するには、ボタンを右クリックして［テキストの編集］を左クリックします。文字カーソルが表示されたら文字を修正します。

2-6

完成ファイル ： 02-06b

# マクロが入ったブックを保存しよう

マクロが入ったブックは、通常のExcelブックの形式で保存することはできません。「Excelマクロ有効ブック」として保存します。

## マクロが入ったブックを保存するには?

マクロを含むブックを通常のExcelブックとして保存すると、マクロが消えてしまいますので注意が必要です。
マクロをExcelブックと共に保存するには、ファイル形式を「Excel マクロ有効ブック」にしてから保存します。

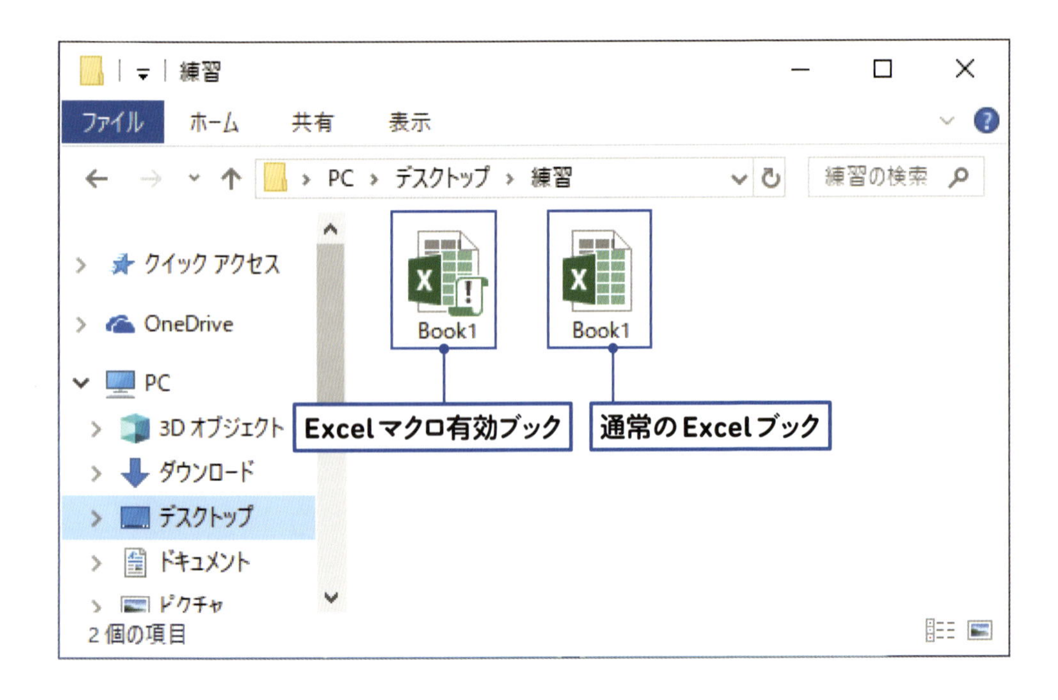

## やってみよう! マクロ入りブックを保存する

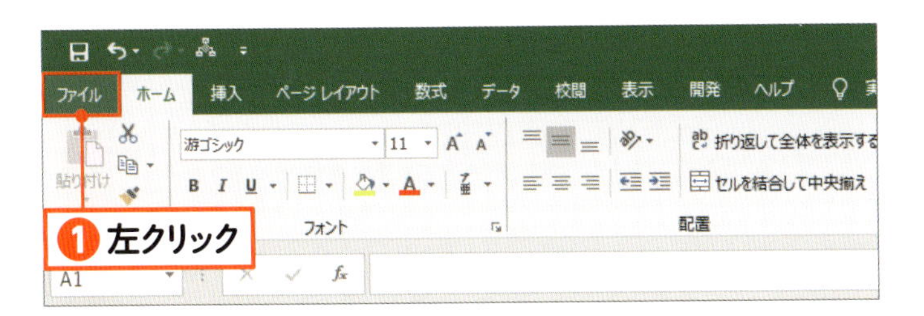


### 01 保存する準備をする

[ファイル] タブを左クリックします❶。

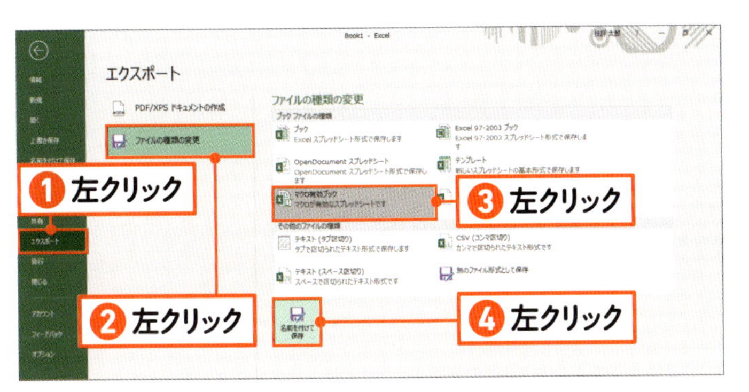


### 02 ファイルの種類を指定する

[エクスポート] を左クリックします❶。[ファイルの種類の変更] を左クリックし❷、[マクロ有効ブック] を左クリックします❸。[名前を付けて保存] を左クリックします❹。

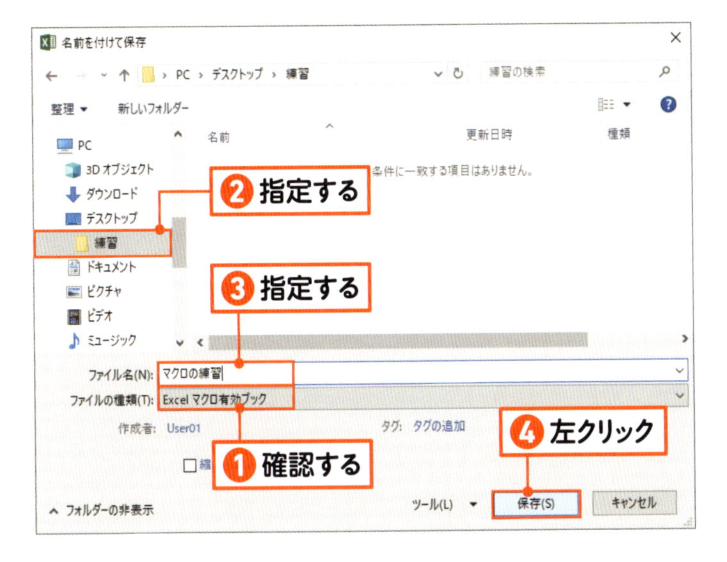


### 03 ブックを保存する

ファイルの種類を確認します❶。ファイルの保存先を指定します❷。ファイル名を指定します❸。[保存] を左クリックします❹。

**Check! マクロは無効の状態で開く**

マクロを含むブックを開くと、通常はマクロが無効の状態で開きます。マクロを有効にする方法は、P.144を参照してください。

# 第2章　練習問題

## 1

マクロを作ったり修正したりするときに使うのはどれですか?

① VBE　② VBA　③ Backstageビュー

## 2

VBEでマクロを実行するとき、左クリックするボタンはどれですか?

## 3

マクロが含まれるブックを保存するときのファイルの種類はどれですか?

① Excelブック

② Excelマクロ有効ブック

③ PDF

Chapter

# プロパティの基本を知ろう

この章では、操作対象のオブジェクトの特徴や性質を表すプロパティを紹介します。プロパティの内容を知る方法や、プロパティにデータを設定する書き方を覚えましょう。たとえば、指定したセルのデータを求めたり、セルにデータを入力したりします。

# 3-1 プロパティでできること

プロパティとは、オブジェクトの特徴や性質を表すものです。オブジェクトによって利用できるプロパティは異なります。

## 図解 プロパティとは?

オブジェクトには、さまざまなプロパティが用意されています。マクロの内容を書くときは、プロパティの内容を利用したり、プロパティにデータを設定したりしながら操作を指示します。

**内容を知るときの書き方**

オブジェクト君.身長

プロパティ名

「100cm」が得られる

**内容を設定するときの書き方**

オブジェクト君.服の色=青

プロパティ名

オブジェクト君の服の色を「青」にする

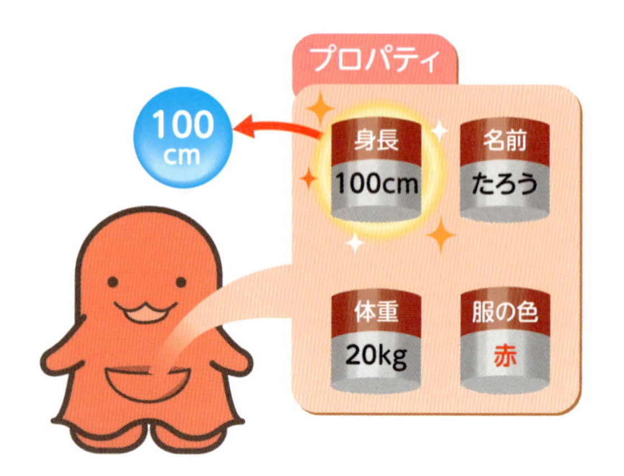


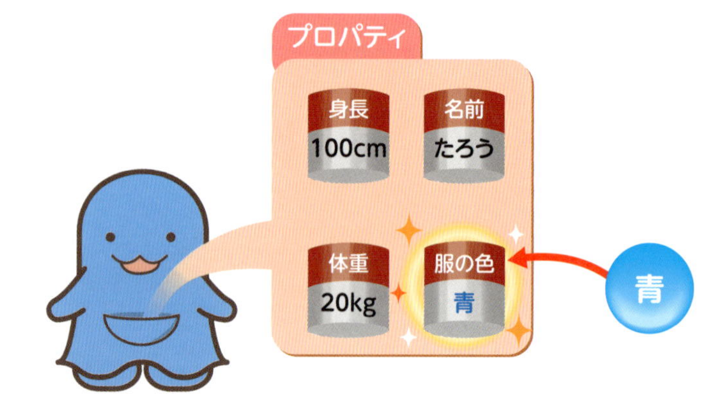

## やってみよう! A1セルのオブジェクトのプロパティを調べる

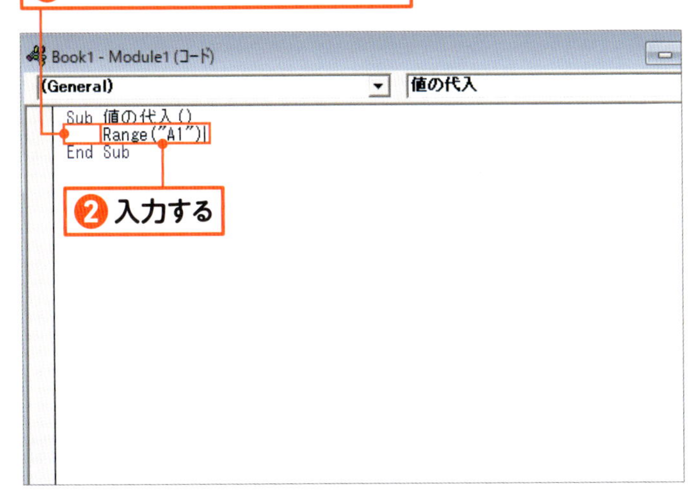

### 01 オブジェクトを指定する

P.31の方法でマクロを作ります。マクロ名の次の行の行頭で Tab キーを押して字下げします❶。A1セルのオブジェクトを表す「Range("A1")」を入力します❷。セルの指定方法は、P.68で詳しく紹介します。ここでは、とりあえず、左のように記述しておきます。

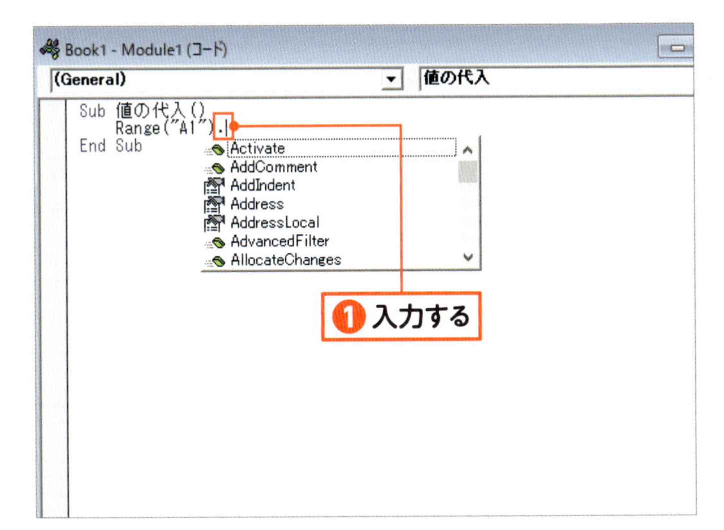


### 02 プロパティ一覧を見る

「.」を入力します❶。オブジェクトのメソッドやプロパティの一覧が表示されます。先頭に が表示されている項目がプロパティです。このあとは、プロパティを指定して内容を書きます。P.47に進みます。

### Check! オブジェクトを書くときにもプロパティを使う

プロパティは、オブジェクトを指定するときにも使われます。たとえば、ここでは、Rangeプロパティというプロパティを使用して、A1セルを指定しています。なお、この例のようにブックやシートの指定を省略してセルを指定した場合、アクティブブックのアクティブシートのセルとみなされます。Rangeプロパティについては、P.69で紹介しています。セルとシート、ブックの関係については、P.83で紹介しています。

# 3-2 セルに数値を表示しよう

オブジェクトのプロパティにデータを設定する方法を知りましょう。ここでは、A1セルに数字を入力します。A1セルの内容を示すプロパティを使います。

## 書き方 プロパティの内容を設定するには？

プロパティにデータを入力するには、オブジェクトのあとに「.」（ピリオド）を入力してプロパティ名を指定し、そのあとに「=」（イコール）を書いてデータを指定します。「=」を使うと、「=」のあとに書いたデータを、左側に設定することができます。

**書式** オブジェクト.プロパティ=データ

ここでは、セルを表すRangeオブジェクトのValueプロパティにデータを設定します。Valueプロパティはセルの「値」の内容を示すプロパティです。

### 「100」という値をA1セルに入力する

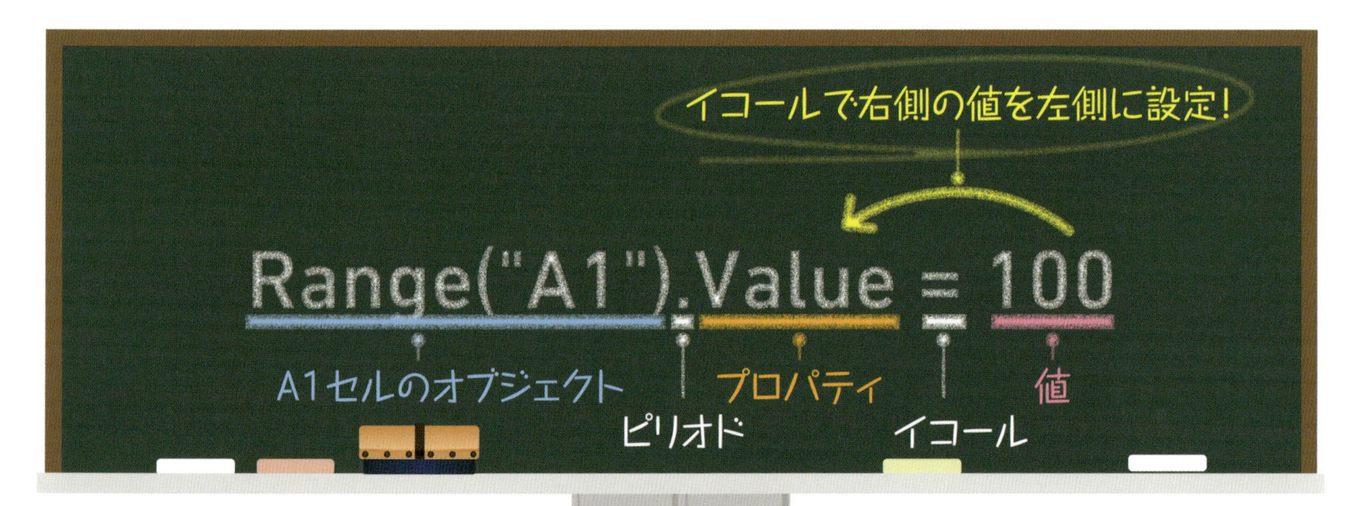

# やってみよう! A1セルに「100」と入力する

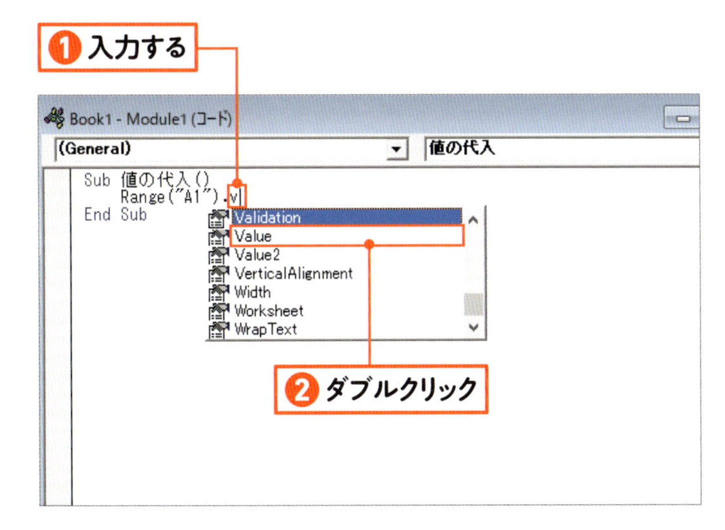


## 01 プロパティを入力する

「Range("A1")」と入力します。「.」を入力すると、オブジェクトのメソッドやプロパティの一覧が表示されます。「v」と入力します❶。「Value」をダブルクリックします❷。

**memo**

Rangeの先頭文字を小文字で「range」と入力した場合も、自動的に「r」が「R」になります。

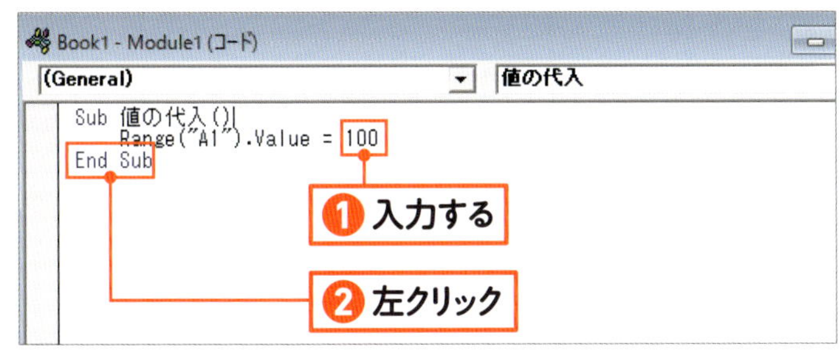

## 02 「=」とデータを入力する

Valueが入力されます。「=100」と入力します❶。他の行を左クリックすると❷、「=」の前後などに自動的に空白が入ります。

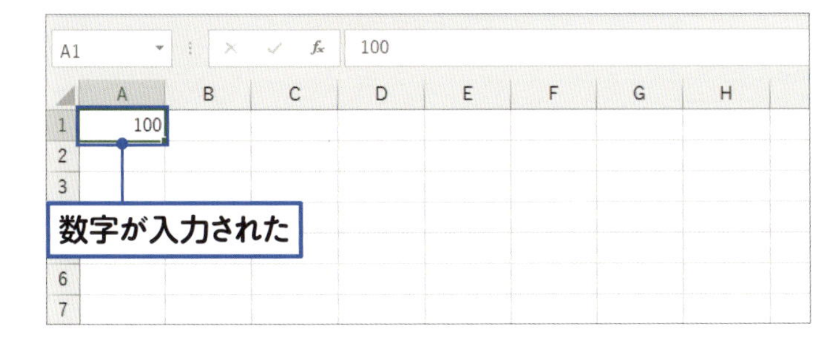


## 03 実行結果

P.35の方法でマクロを実行します。A1セルにデータ(ここでは「100」)が入力されます。

### Check! Valueプロパティ

ここで使っているValueプロパティは、セルの「値」を取得したり、セルに「値」を設定したりするときに使います。なお、セルには「値」の他に「数式」も設定できますが、「数式」を設定・取得するときはFormulaプロパティを使います。

練習ファイル ：03-03a 完成ファイル ：03-03b

lesson.
# 3-3 セルに文字列を表示しよう

前のSectionではセルに数字を入力しましたが、ここでは、セルに文字を入力します。B2セルに「こんにちは」の文字を入力してみましょう。

## 書き方 プロパティに文字列を設定するには?

セルを表すRangeオブジェクトのValueプロパティに文字を設定します。マクロの中で文字列を指定するときは、文字を「"」(ダブルクォーテーション)で囲みます。

書式 オブジェクト.プロパティ="文字"

### 「こんにちは」の文字をB2セルに入力する

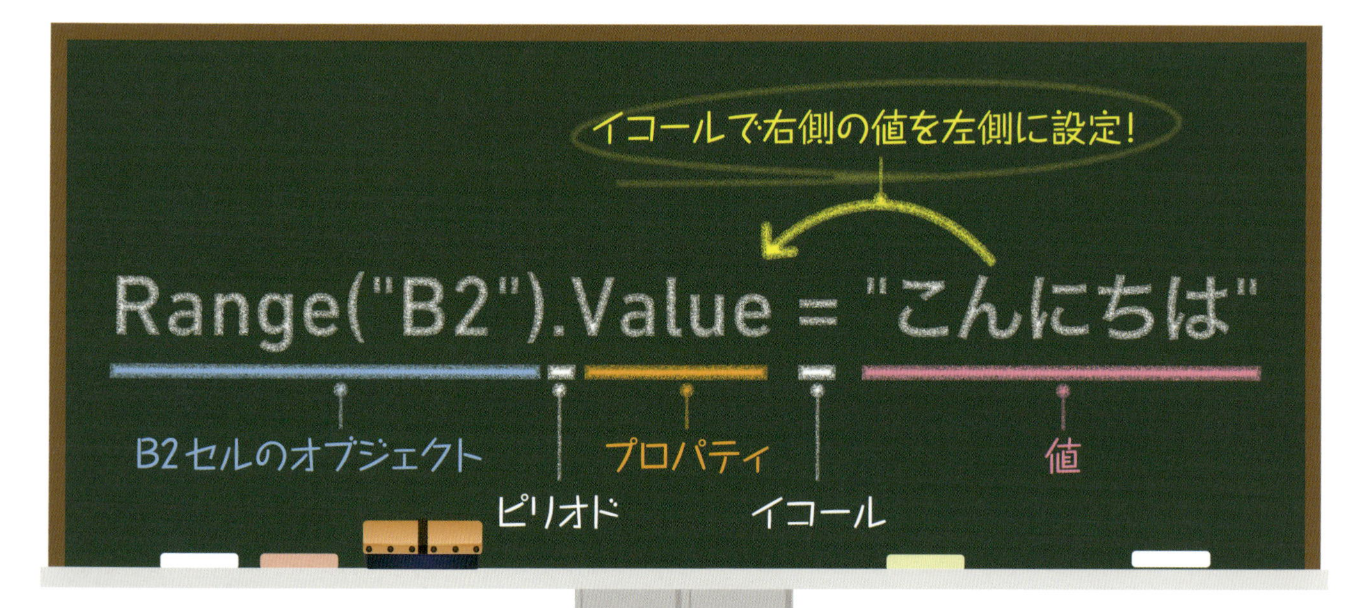

## やってみよう! B2セルに「こんにちは」と入力する

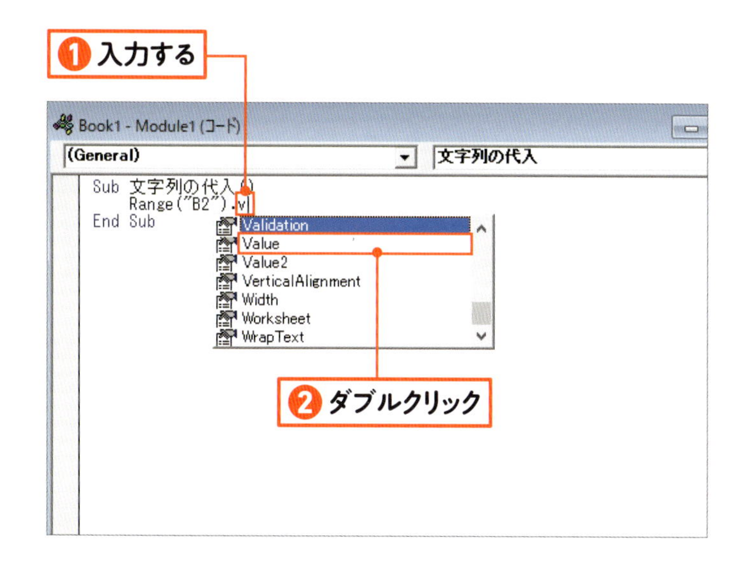

### 01 プロパティを入力する

P.31の方法でマクロを作成し、B2セルのオブジェクトを表す「Range("B2")」を入力します。「.」を入力し、「v」と入力します❶。「Value」をダブルクリックします❷。

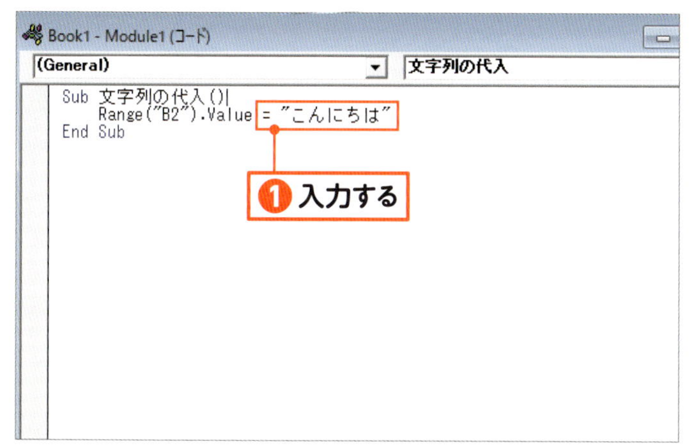

### 02 「=」とデータを入力する

Valueが入力されます。続けて、「="こんにちは"」と入力します❶。

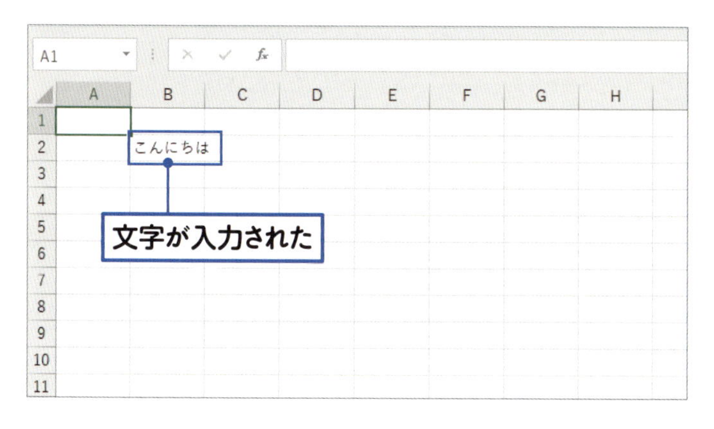

### 03 実行結果

P.35の方法でマクロを実行します。B2セルに文字（ここでは「こんにちは」）が入力されます。

練習ファイル：03-04a 完成ファイル：03-04b

lesson. 3-4

# セルのデータを使って計算しよう

セルの内容を示すプロパティを使って、セルのデータを利用します。ここでは、A1セルに入力されている数字を使って、同じ数字を入力したり計算したりしてみましょう。

## 書き方 プロパティの内容を利用して計算するには?

Range オブジェクトの Value プロパティを使って、セルのデータを利用してみましょう。オブジェクトのプロパティの内容を知るには、次のように書きます。

書式 **オブジェクト.プロパティ**

ここでは、B1 セルに A1 セルと同じ内容を入力したり、C1 セルに A1 セルに入力されている数字に 2 を掛けた結果を入力したりします。

### 「A1 セルの値× 2」の値を C1 セルに入力する

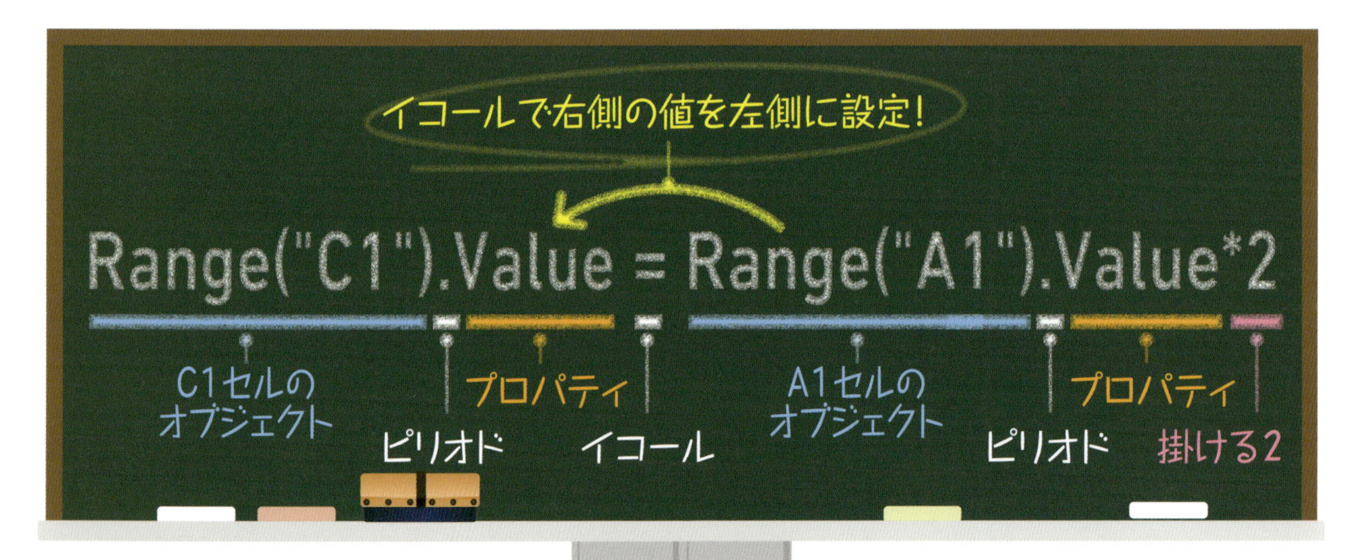

# B1セルにA1セルと同じ内容を入力する

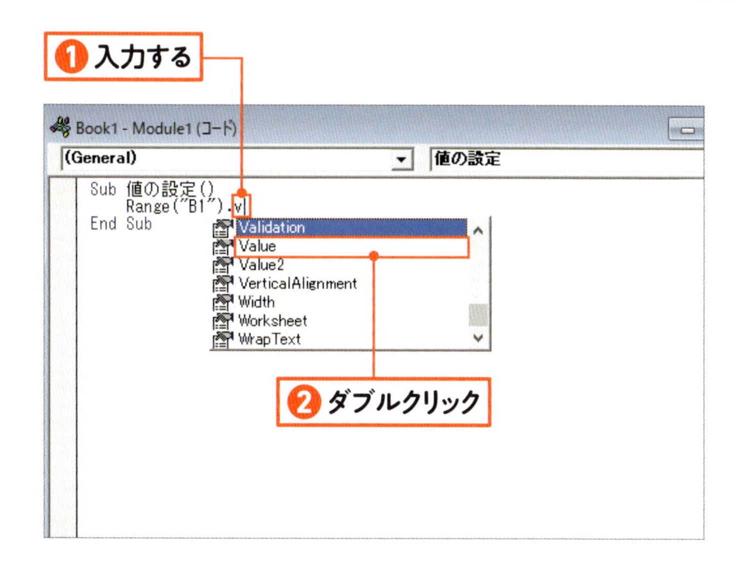


## 01 プロパティを入力する

P.31の方法でマクロを作成し、B1セルのオブジェクトを表す「Range("B1")」を入力します。「.」を入力し、「v」と入力します❶。「Value」をダブルクリックします❷。

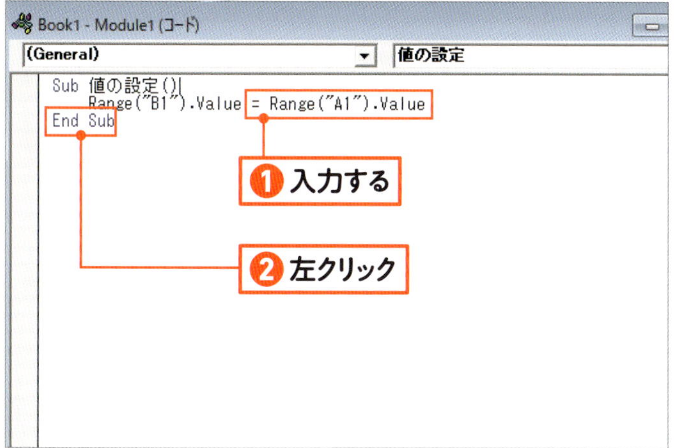


## 02 「=」とデータを入力する

Valueが入力されます。「=Range("A1").Value」を入力します❶。他の行を左クリックします❷。

**memo**

オブジェクトのプロパティの内容を知ることを、プロパティの値を取得するともいいます。

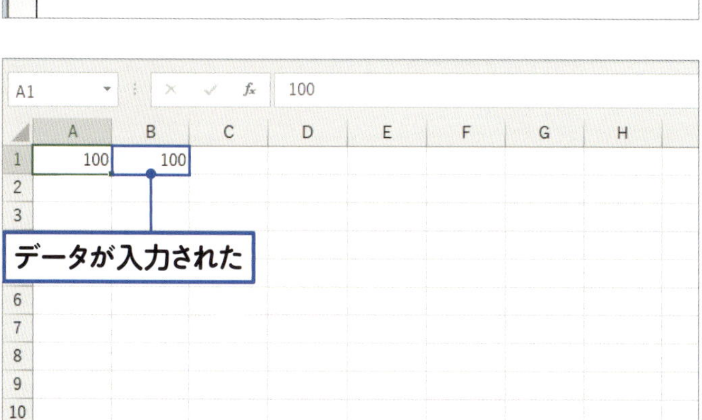


## 03 実行結果

P.35の方法でマクロを実行します。B1セルにA1セルと同じデータ（ここでは「100」）が入力されます。

3
プロパティの基本を知ろう

## やってみよう! C1セルに、「A1セルに入力されている数字×2」の結果を入力する

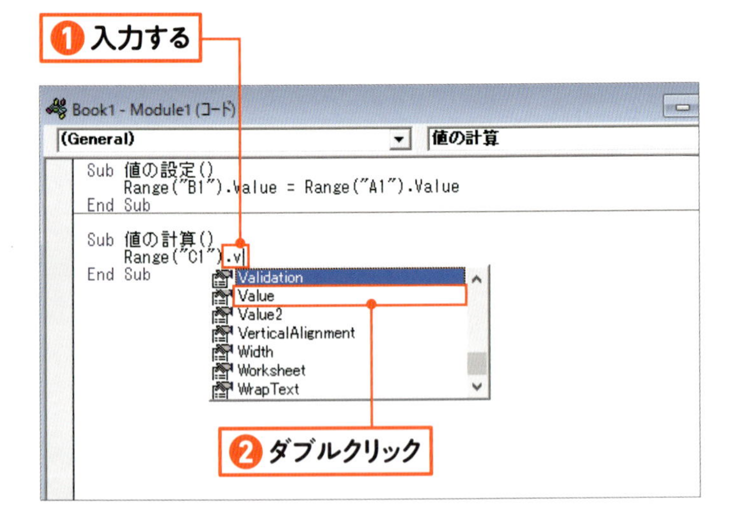

### 01 プロパティを入力する

P.31の方法でマクロを作成し、C1セルのオブジェクトを表す「Range("C1")」を入力します。「.」を入力し、「v」と入力します❶。「Value」をダブルクリックします❷。

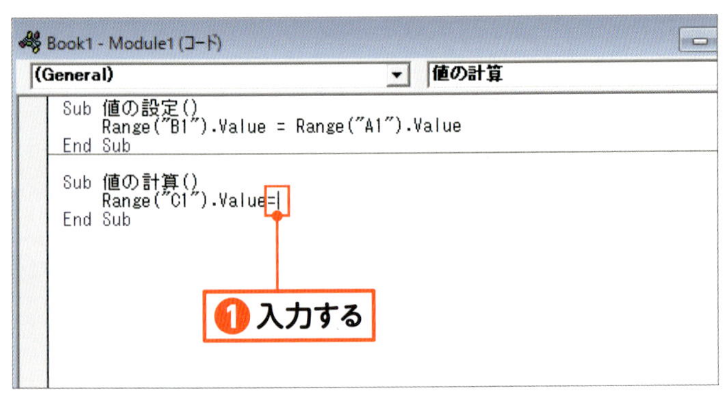

### 02 「=」を入力する

Valueが入力されます。「=」と入力します❶。

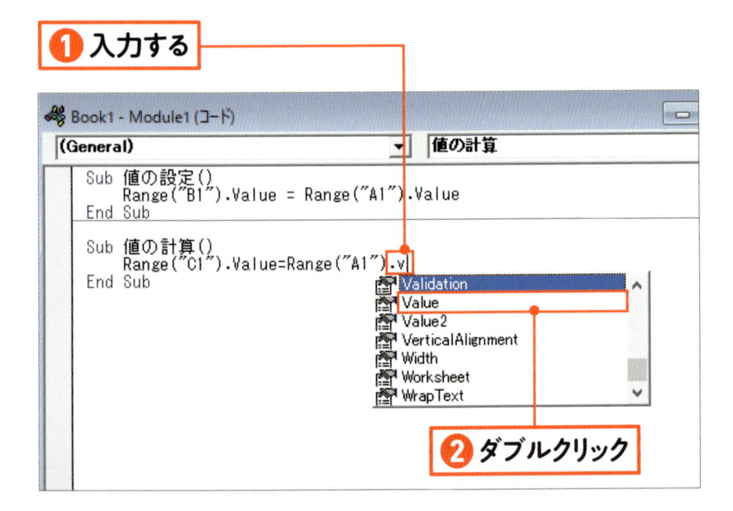

### 03 プロパティを入力する

A1セルのオブジェクトを表す「Range("A1")」を入力します。「.」を入力し、「v」と入力します❶。「Value」をダブルクリックします❷。

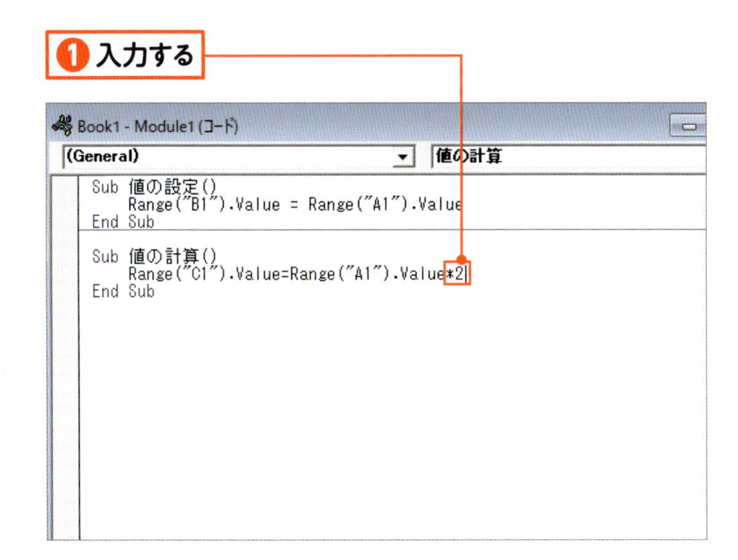

## 計算内容を指定する

Valueが入力されます。「*2」と入力します❶。

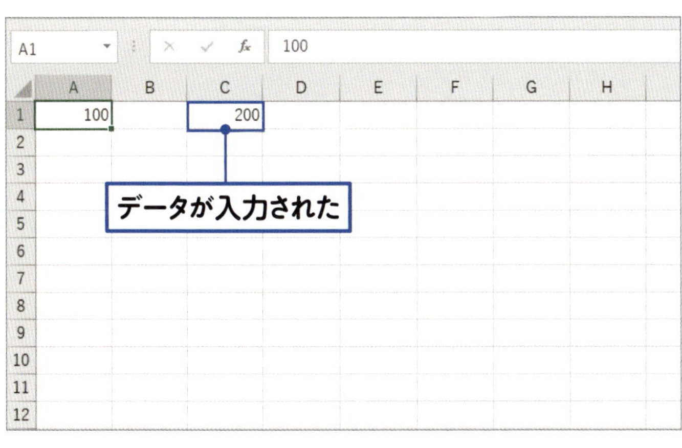

## 実行結果

P.35の方法でマクロを実行します。C1セルにA1セルに入力されている数字（ここでは「100」）に2を掛けた数字が入力されます。

### Check! 四則演算の計算をする

四則演算の計算をするときは、次のような演算子を使います。

| 計算 | 演算子 |
| --- | --- |
| 足し算 | + |
| 引き算 | - |
| 掛け算 | * |
| 割り算 | / |

# 第3章　練習問題

## 1

プロパティとは何ですか?

① オブジェクトの性質を表すもの
② オブジェクトの動作を指示するもの
③ オブジェクトを操作するタイミング

## 2

プロパティの内容を知る書き方はどれですか?

① オブジェクト.プロパティ
② オブジェクト プロパティ
③ オブジェクト"プロパティ"

## 3

プロパティの内容を設定するときの書き方はどれですか?

① オブジェクト.プロパティ
② オブジェクト.プロパティ=データ
③ オブジェクト.プロパティ:=データ

Chapter

# メソッドの基本を知ろう

この章では、操作対象のオブジェクトの動きを命令するメソッドを紹介します。メソッドの指定方法や、動きの詳細を指示する引数の指定方法を知りましょう。たとえば、指定したセルのデータを削除したり、セル自体を削除したりします。

# メソッドでできること

## 4-1

メソッドとは、オブジェクトの動作を指示するものです。メソッドについて知りましょう。なお、オブジェクトによって利用できるメソッドは異なります。

### 図解 メソッドとは?

オブジェクトには、さまざまなメソッドが用意されています。マクロで操作内容を書くときは、メソッドを利用してオブジェクトの動作を指定できます。

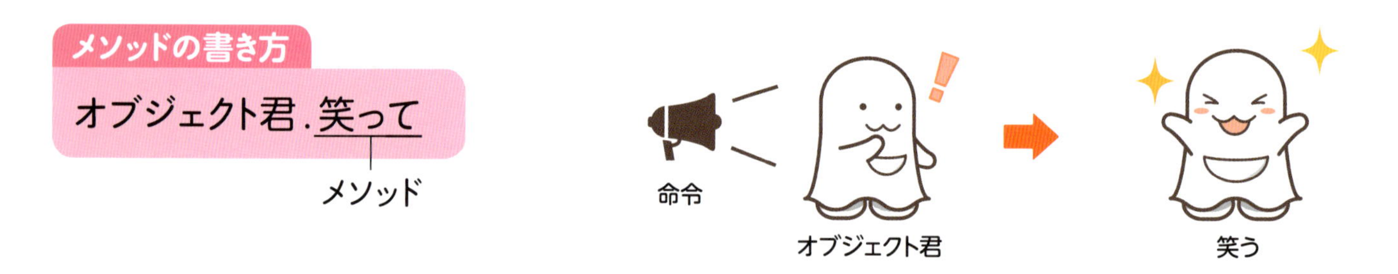


メソッドの中には、動作の詳細を指示するための引数という情報を指定できるものがあります。また、複数の引数を指定できるものもあります。

引数を指定するメソッドの書き方

オブジェクト君.歩いて 速く

メソッド 引数

命令

オブジェクト君

速く歩く

## やってみよう! A3～D6セルのオブジェクトのメソッドを調べる

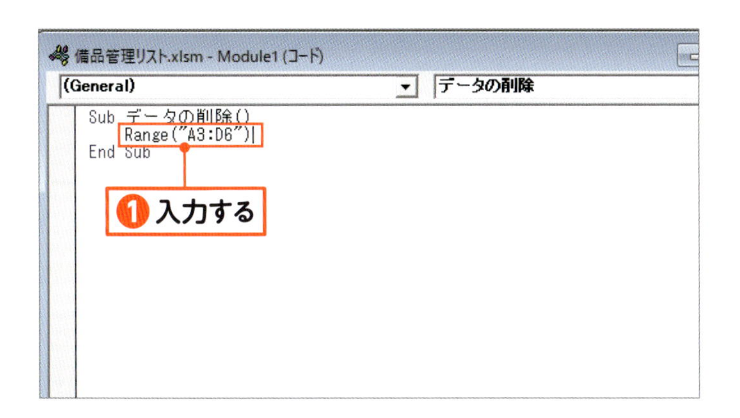


### 01 オブジェクトを指定する

A3～D6セルのオブジェクトを表す「Range("A3:D6")」を入力します1。

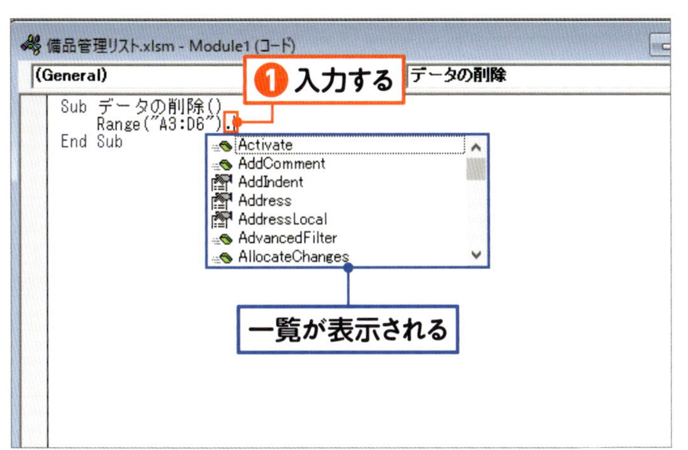


### 02 メソッドを入力する

「.」を入力します1。オブジェクトのメソッドやプロパティの一覧が表示されます。先頭にが表示されているのがメソッドです。このあとは、メソッドを指定して内容を書きます。P.59に進みます。

### Check! Rangeオブジェクトのメソッドの例

セルを表すRangeオブジェクトのメソッドには、次のようなものがあります。メソッドによっては、命令の内容を細かく指示するための、引数というものを指定します。

| メソッド | 内容 |
|---|---|
| Clear | セルのデータや書式を削除する |
| ClearContents | セルのデータを削除する |
| Delete | セルを削除する |
| Insert | セルを挿入する |
| SpecialCells | 指定した種類のセルを扱う |

練習ファイル：04-02a　完成ファイル：04-02b

lesson.

# 4-2 セルの中身を消去しよう

セルを表すオブジェクトのメソッドを利用して、セルのデータや書式を消去しましょう。ここでは、セル範囲を示すオブジェクトを指定して、Clearメソッドでデータや書式を削除します。

## 書き方 Clearメソッドでデータを消すには?

オブジェクトの動作を指示するには、オブジェクトのあとに「.」(ピリオド)を入力してメソッドを指定します。

**書式** オブジェクト.メソッド

ここでは、A3～D6セルのデータや書式を消去します。セル範囲を表すRangeオブジェクトを指定し、Clearメソッドを利用します。

### A3～D6セルのデータや書式を削除する

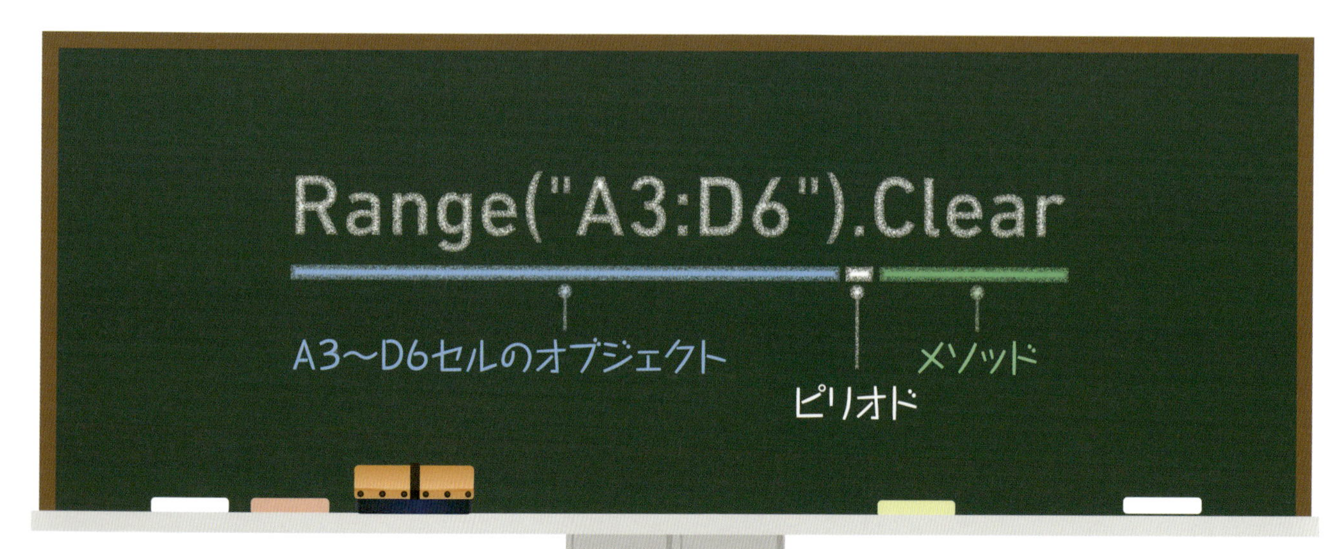

# やってみよう! A3～D6セルの内容を削除する

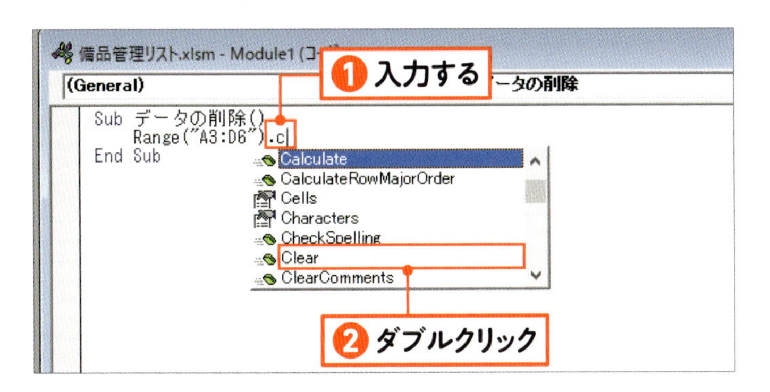


## 01 オブジェクトを指定する

A3～D6セルを表すオブジェクトを指定します。「.」のあとに「c」を入力します❶。「Clear」をダブルクリックします❷。

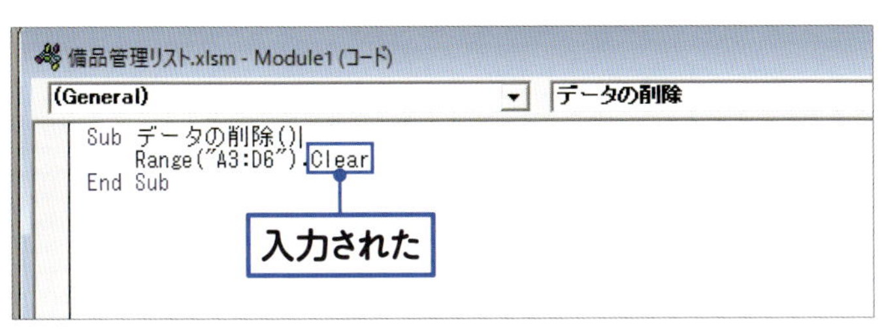


## 02 メソッドが入力される

Clearメソッドが入力されます。

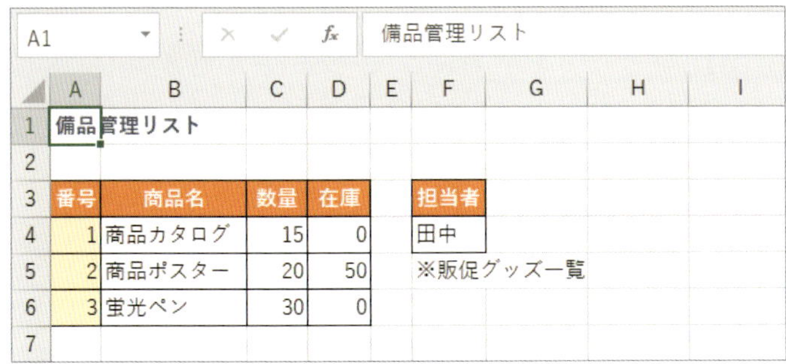

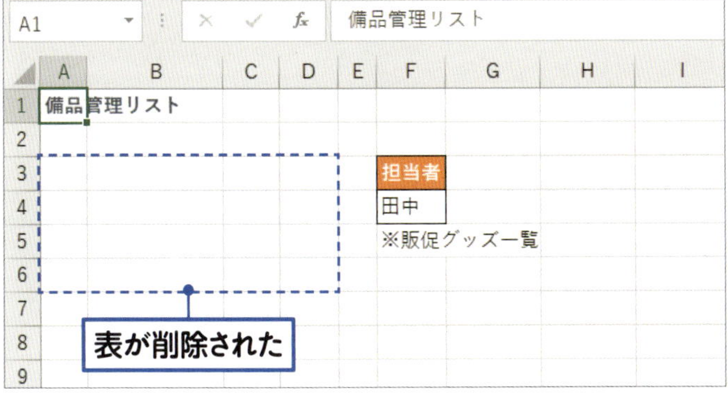


## 03 実行結果

P.35の方法でマクロを実行します。A3～D6セルに表示されていた表が削除されます。

練習ファイル ：04-03a　完成ファイル ：04-03b

lesson.

# 4-3 セル自体を削除しよう

セル範囲を示すオブジェクトのDeleteメソッドを使って、セルを削除します。セルを削除したあと、右または下のどちらのセルをずらすのか、引数を使って指定できます。

## 書き方 メソッドの引数を指定するには？

メソッドを利用してオブジェクトの動作を指定するとき、メソッドによっては「引数」という情報を指定できます。引数は、メソッド名のあとに半角スペースを入力して指定します。

書式 オブジェクト.メソッド 引数

ここでは、セルを表すRangeオブジェクトのDeleteメソッドを利用し、F3～F4セルを削除します。引数のキーワード（ここではxlShiftUp）で、セルを削除したあとに、右または下のどちらのセルをずらすのか、方向を指定します。

### F3～F4セルを削除して下のセルを上にずらす

# やってみよう! F3～F4セルを削除する

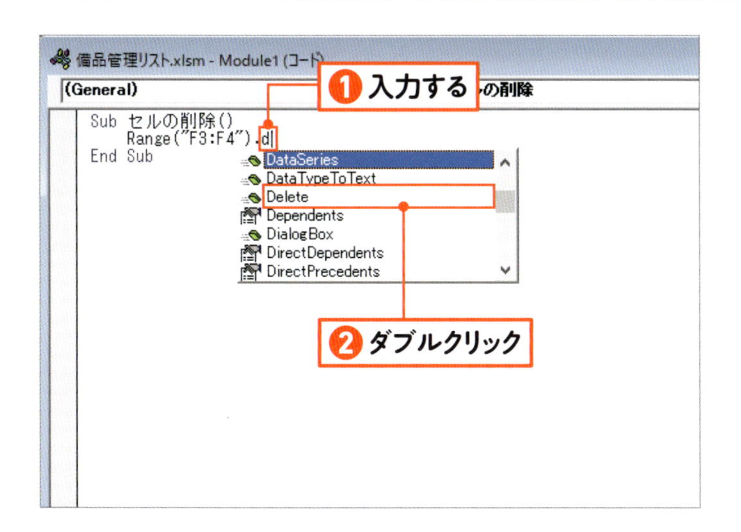


## 01 オブジェクトを指定する

F3～F4セルのオブジェクトを指定し、「.」のあとに「d」を入力します❶。「Delete」をダブルクリックします❷。

> **memo**
> 引数には、省略できるものもあります。省略した場合は、あらかじめ決められているデータ(既定値)が指定されます。

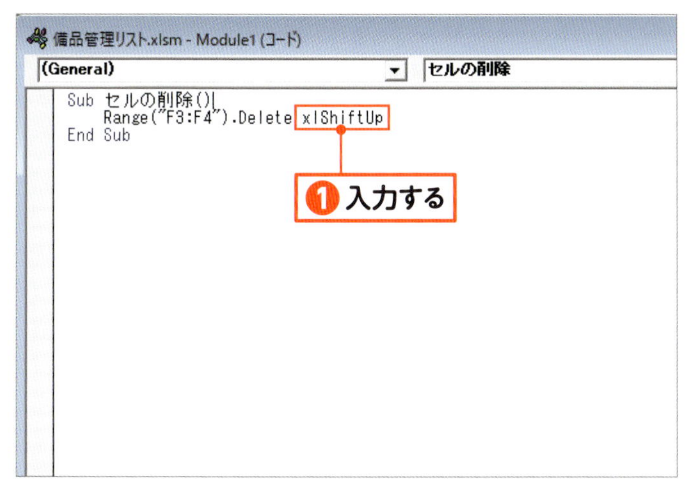

## 02 メソッドが入力される

Deleteメソッドが入力されます。半角スペースを入力し、「xlShiftUp」と入力します❶。

> **memo**
> 引数に「xlShiftToLeft」と指定すると、セルを削除した部分を埋めるのに、右のセルを左にずらします。「xlShiftUp」と指定すると、下のセルを上にずらします。

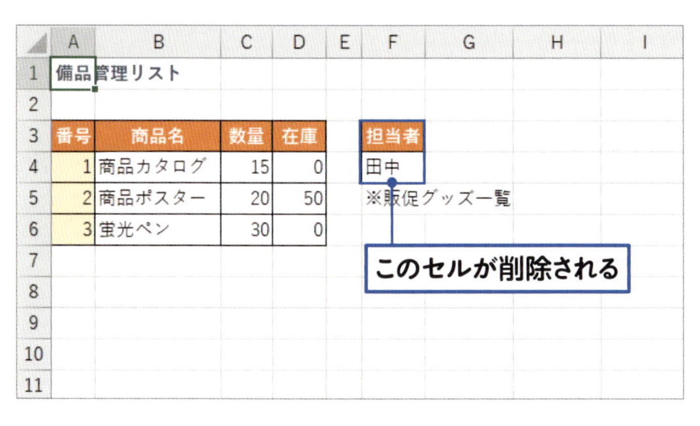


## 03 実行結果

P.35の方法でマクロを実行します。F3～F4セルが削除されて下方向のセルが上にずれます。

練習ファイル ：04-04a　完成ファイル ：04-04b

lesson.

# 4-4 セルを挿入しよう

セルを表すオブジェクトのInsertメソッドを使って、セルを挿入します。メソッドに複数の引数が用意されている場合の、引数の指定方法を知りましょう。

## 書き方 複数の引数を指定するには？

メソッドに複数の「引数」が用意されている場合、引数の順番のとおりに「,」（カンマ）で区切って指定します。引数の指定を省略する場合は、省略する分の「,」（カンマ）が必要です。ただし、途中からすべて省略する場合は、その分の「,」（カンマ）は不要です。

書式　**オブジェクト.メソッド 引数1,引数2,引数3・・・**

ここでは、RangeオブジェクトのInsertメソッドを使って、セルを挿入します。引数1で、セルを挿入したあと既存のセルをどちら側にずらすかを指定します。引数2では、挿入したセルの上下（左右）のセルの書式が異なる場合に、どちら側のセルの書式を適用するか指定します。

### C3～C6セルにセルを挿入し、右側の書式を適用する

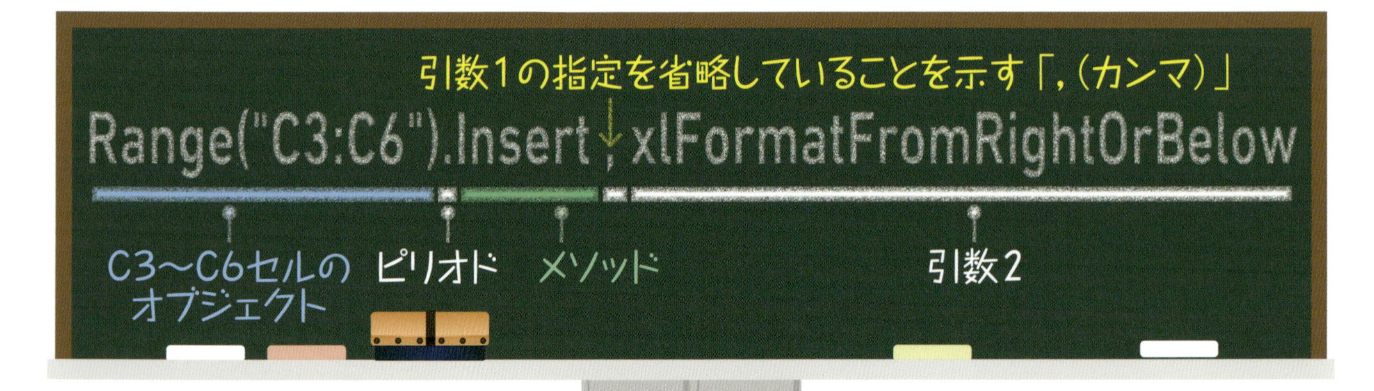

## やってみよう! C3～C6セルにセルを挿入する

### 01 オブジェクトを指定する

C3～C6セルを表すオブジェクトを指定し、「.」と「Insert」メソッドを入力します❶。引数1を省略するための「,」を入力します❷。

**memo**

引数1を省略すると、挿入するセル範囲の形によって、挿入する位置にあるセルをずらす方向が自動的に決められます。列数が行数より少ない場合は、右方向にずれます。

### 02 メソッドが入力される

続いて、引数2で、セルを挿入したあと、どちら側のセルの書式を適用するか（ここでは、「xlFormatFromRightOrBelow」）を指定します❶。

**memo**

引数2に「xlFormatFromRightOrBelow」を指定すると、挿入したセルの書式は右側のセルと同じになります。詳細は、ヘルプを参照してください。

| | A | B | C | D | E |
|---|---|---|---|---|---|
| 1 | 備品管理リスト | | 7月1日 | | |
| 2 | | | | | |
| 3 | 番号 | 商品名 | | 数量 | 在庫 |
| 4 | 1 | Goodsカタログ | | 15 | 0 |
| 5 | 2 | goodsポスター | | 20 | 50 |
| 6 | 3 | 蛍光ペン | | 30 | 0 |

### 03 実行結果

P.35の方法でマクロを実行します。C3～C6セルにセルが挿入され、右側のセルと同じ書式が適用されます。

練習ファイル：04-05a　完成ファイル：04-05b

# 4-5 空白セルを選択しよう

セルを表すRangeオブジェクトのSpecialCellsメソッドを使って、空白セルを扱います。メソッドの引数でセルの種類を指定します。

## 書き方 メソッドの戻り値を利用するには?

メソッドの中には、メソッドを実行した結果を値として返すものがあります。これを利用すると、メソッドのあとにさらにメソッドを書くことで、2つの命令を組み合わせることができます。メソッドが返す値（戻り値）を使うときは、メソッドの引数を（ ）で囲んで指定します。

オブジェクト.メソッド(引数).メソッド

ここでは、特定のセルを探すSpecialCellsメソッドを使って空白セルを探し出し、その空白セルを、Selectメソッドを使って選択します。

### C4～D6セルの範囲にある空白セルを選択する

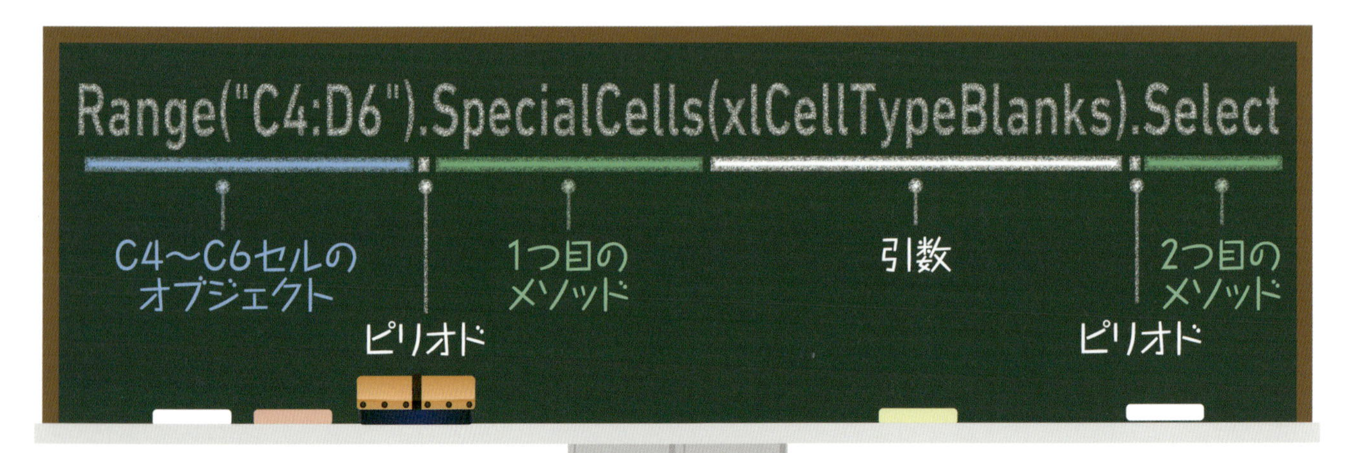

# やってみよう！ C4～D6セルの範囲内の空白セルを選択する

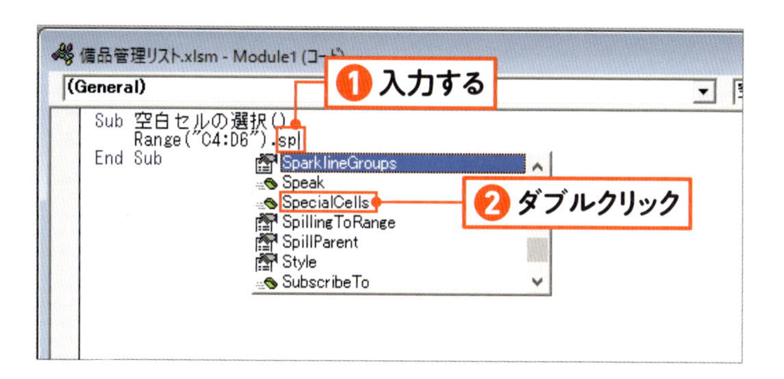


## 01 オブジェクトを指定する

C4～C6セルを表すオブジェクトを指定します。「.sp」を入力し❶、「SpecialCells」をダブルクリックします❷。

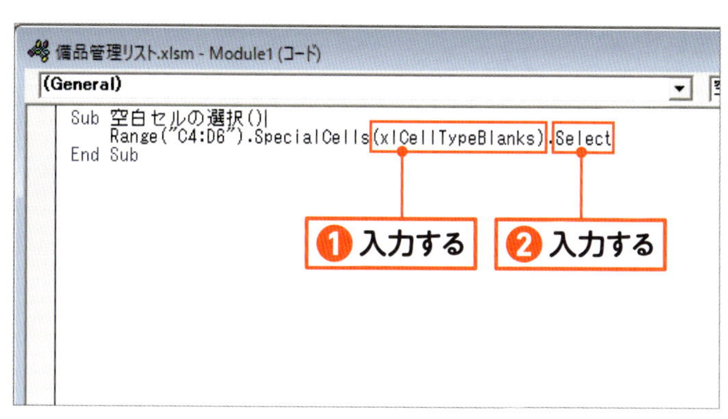


## 02 メソッドが入力される

SpecialCellsメソッドの引数Typeを括弧で囲って指定（ここでは、空白セルを示す「xlCellTypeBlanks」）します❶。続いて、「.」を入力し、セルを選択するSelectメソッドを指定します❷。

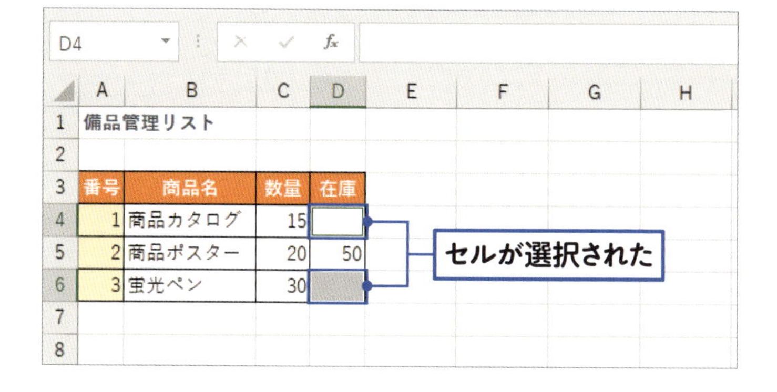


## 03 実行結果

P.35の方法でマクロを実行します。C4～D6セルの中で空白のセルが選択されます。なお、セルが見つからない場合、ここではエラーになります。

### Check! 戻り値の種類

メソッドによって、戻り値の種類は異なります。SpecialCellsメソッドの場合、戻り値はセルを表すRange オブジェクトです。他にも、戻り値に文字列を返すメソッドや、「True」または「False」のデータを返すメソッドなどがあります。また、戻り値がないものもあります。

# 第4章　練習問題

## 1

メソッドとは何ですか？

① オブジェクトの性質を表すもの

② オブジェクトの動作を指示するもの

③ オブジェクトを操作するタイミング

## 2

オブジェクトのメソッドを指定するときの書き方はどれですか？

① オブジェクト.メソッド

② オブジェクト メソッド

③ オブジェクト"メソッド"

## 3

メソッドの引数を指定するときの書き方で間違っているものはどれですか？

① オブジェクト.メソッド 引数1,,引数3

② オブジェクト メソッド 引数1;;引数3

③ オブジェクト.メソッド 引数1:=○○,引数3:=○○

Chapter

# セルや行・列を操作しよう

この章では、Excel操作の基本となるセルやセル範囲を指定する方法を紹介します。VBAでセルやセル範囲を扱うには、Rangeオブジェクトを利用します。Rangeオブジェクトを指定する方法は、複数用意されています。場合によって使い分けましょう。

lesson.

# 5-1 セルやセル範囲を表すには

ここでは、セルやセル範囲を指定するときのさまざまな書き方を紹介します。いっぺんに覚える必要はありません。いろいろな方法があることを知っておきましょう。

## 図解 セルやセル範囲を表す方法とは？

Excelでセルを操作するときは、表などを見て、操作対象のセルやセル範囲を選択します。一方、VBAでは、表の内容を見ながら操作するわけにはいきません。その代わり、セルやセル範囲を表すRangeオブジェクトを指定する方法がいくつも用意されています。それらの方法でRangeオブジェクトを指定すると、セルやセル範囲を選択しなくても、セルやセル範囲を操作できます。

### これらは全部Rangeオブジェクト!

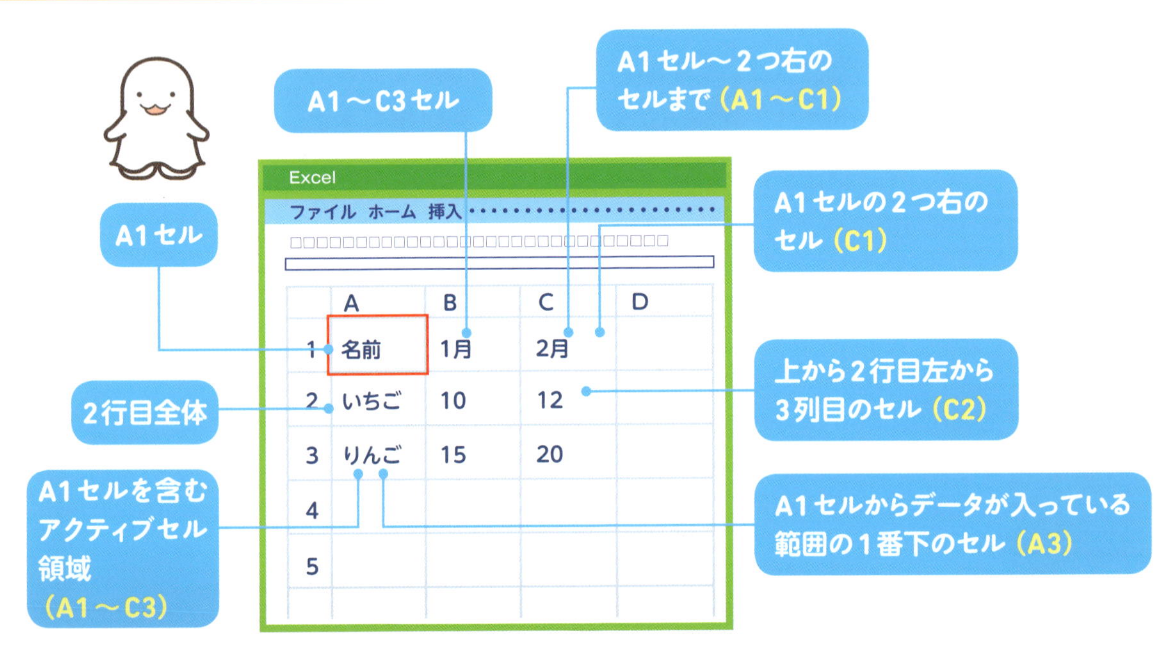

# セルやセル範囲を指定するには?

さまざまなプロパティを使用して、セルやセル範囲を指定できます。ブックやシートの指定を省略した場合は、アクティブシートのセルが指定されます(P.83)。

## 1 セル番地で指定する

Worksheetオブジェクト(P.86)などのRangeプロパティを使用すると、セルやセル範囲を表すRangeオブジェクトを指定できます。Cellにはセル番地やセル範囲を指定します。

オブジェクト.Range(Cell)

オブジェクト.Range(Cell1,[Cell2])

| 例 | 内容 |
|---|---|
| Range("A1") | A1セル |
| Range("A1,C3") | A1セルとC3セル |
| Range("A1:C3") | A1セル～C3セル |
| Range("A1", "C3") | A1セル～C3セル |
| Range("A1:C3,E2:F3") | A1セル～C3セルと、E2セル～F3セル |

## 2 行番号や列番号で指定する

WorksheetオブジェクトなどのCellsプロパティを使用して、Rangeオブジェクトを指定できます。Cellsのあとに行番号と列番号を指定して、セルの場所を指定します。

オブジェクト.Cells

| 例 | 内容 |
|---|---|
| Cells(3, 2) | B3セル |
| Cells(3, "B") | B3セル |
| Cells | 全セル |
| Range(Cells(3, 2), Cells(4, 5)) | B3セル～E4セル<br>※Rangeプロパティと組み合わせて指定 |

## 3 隣や上下のセルを指定する

RangeオブジェクトのOffsetプロパティを使用すると、指定した場所から何行何列かずれた場所のRangeオブジェクトを指定できます。RowOffsetで行、ColumnOffsetで列を移動する数を指定します。

| 例 | 内容 |
|---|---|
| Range("C5").Offset(2, 1) | C5セルの2行下1列右のセル |
| Range("C5").Offset(-2, -1) | C5セルの2行上1列左のセル |
| Range("C5").Offset(, 3) | C5セルの3列右のセル |
| Range("C5").Offset(2) | C5セルの2行下のセル |
| Range("A2:C3").Offset(2, 1) | A2セル～C3セル範囲を基準に、2行下1列右のセル |

書式 **オブジェクト.Offset([RowOffset],[ColumnOffset])**

## 4 端のセルを指定する

RangeオブジェクトのEndプロパティを使用すると、データが入力されている範囲の端のセルを指定できます。Directionで端の方向を指定します。「xlDown」は下、「xlUp」は上、「xlToLeft」は左、「xlToRight」は右端のセルを指定します。

書式 **オブジェクト.End(Direction)**

| 例 | 内容 |
|---|---|
| Range("A3").End(xlDown) | A3セルを基準に下方向の終端セル |
| Range("A3", Range("A3").End(xlToRight)) | A3セル～右方向の終端セルまでのセル範囲 |
| Cells(Rows.Count, 1).End(xlUp) | A列でデータが入っている最終セル（A列の最終行を基準に上方向にデータが入力されているセルを探す） |

## 5 セル範囲を拡張して指定する

RangeオブジェクトのResizeプロパティを使用すると、セル範囲を拡張したり縮小したりして指定できます。RowSizeで行、ColumnSizeで列の数を指定します。

書式 **オブジェクト.Resize([RowSize],[ ColumnSize])**

| 例 | 内容 |
|---|---|
| Range("A1").Resize(2, 3) | A1セルを基準に2行3列分拡張したセル範囲 |
| Range("A1:A5").Resize(, 4) | A1セル～A5セルを基準に4列分拡張したセル範囲 |

## 6 表全体を指定する

RangeオブジェクトのCurrentRegionプロパティを使用すると、指定したセルを基準としたアクティブセル領域を指定できます。アクティブセル領域とは、アクティブセルを含むデータが入ったセル領域全体のことです。

**書式** オブジェクト.CurrentRegion

| 例 | 内容 |
|---|---|
| Range("A3").CurrentRegion | A3セルを基準にしたアクティブセル領域 |
| ActiveCell.CurrentRegion | アクティブセルを基準にしたアクティブセル領域 |

## 7 行や列を指定する

WorksheetオブジェクトのRowsプロパティを使うと行全体、Columnsプロパティを使うと列全体を表すRangeオブジェクトを指定できます。

**書式** オブジェクト.Rows

**書式** オブジェクト.Columns

| 例 | 内容 |
|---|---|
| Rows(5) | 5行目 |
| Rows("3:5") | 3～5行目 |
| Columns(3) | C列 |
| Columns("C") | C列 |
| Columns("C:E") | C～E列 |

### Check! 同じオブジェクトに関する指示をまとめて書くには

同じオブジェクトに対する指示をまとめて書くには、Withステートメントを使います。Withのあとにオブジェクトを指定し、そのあと、指定したオブジェクトに対する操作を書くときには、オブジェクトの指定を省略し、「.(ピリオド)」で区切って内容を書きます。最後に「End With」と書きます。

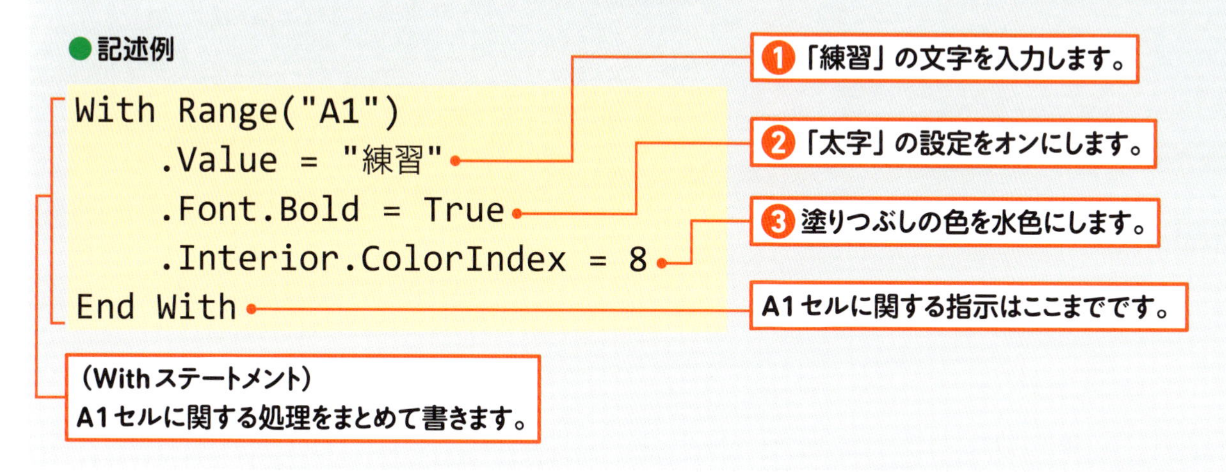
●記述例
With Range("A1")
.Value = "練習"
.Font.Bold = True
.Interior.ColorIndex = 8
End With
❶「練習」の文字を入力します。
❷「太字」の設定をオンにします。
❸塗りつぶしの色を水色にします。
A1セルに関する指示はここまでです。
(Withステートメント)
A1セルに関する処理をまとめて書きます。

練習ファイル ：05-02a　完成ファイル ：05-02b

lesson.

# 5-2 セルにさまざまなデータを入力しよう

セルにデータを入力します。ここでは、E1セルに、今日の日付を入力します。アクティブシートのセルを表すオブジェクトを指定します。

## 書き方 セルにデータを入力するには？

Rangeプロパティを使用して、E1セルを表すRangeオブジェクトを指定します。そして、セルの内容を示すValueプロパティにデータを設定します。ここでは、Date関数を利用して今日の日付を取得し、「=」を使ってValueプロパティに設定します。

### E1セルに今日の日付を入力する

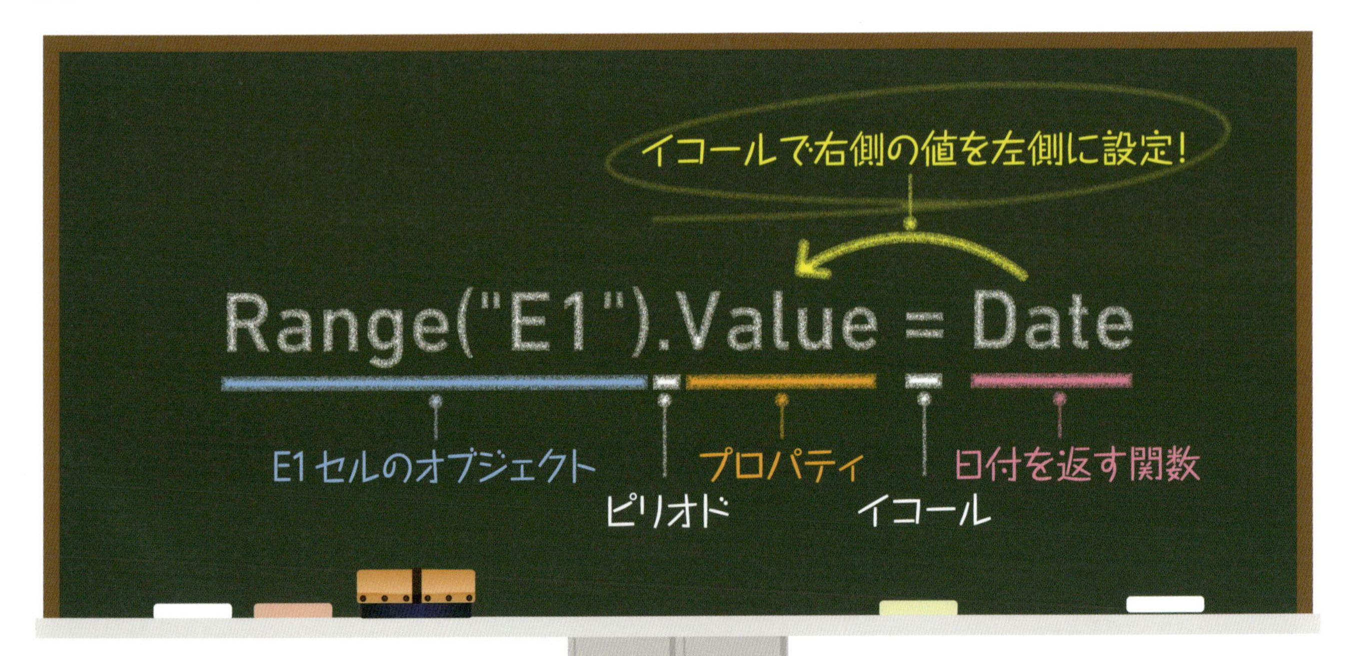

# やってみよう! E1セルに今日の日付を入力する

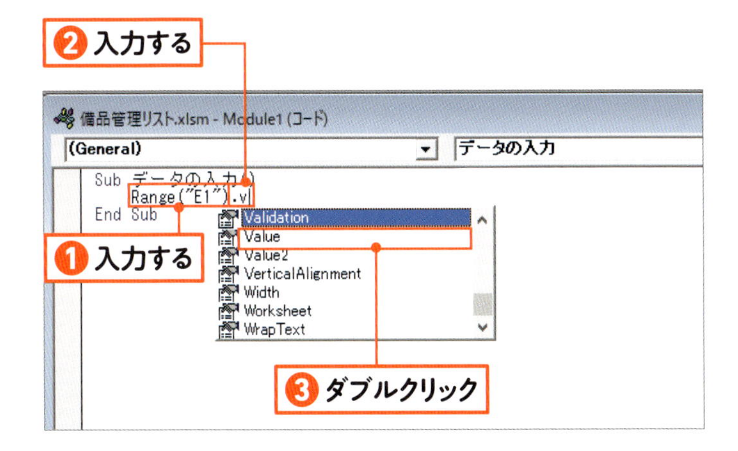

## オブジェクトを指定する

E1セルのオブジェクトを入力します❶。「.v」を入力し❷、「Value」をダブルクリックします❸。

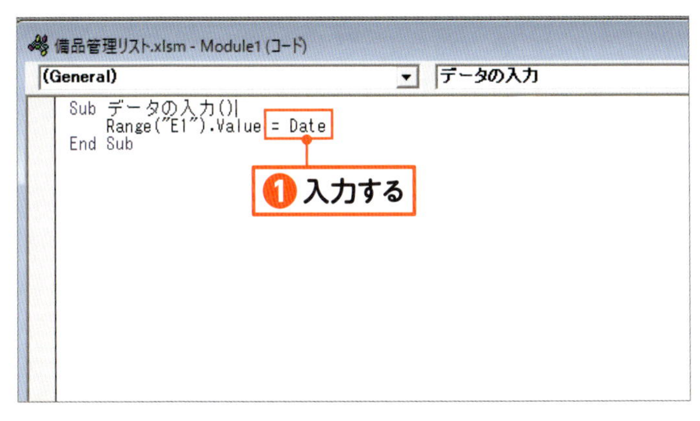

## 関数を入力する

「=」を入力し、Date関数を入力します❶。

**memo**

Date関数は、今日の日付を返す関数です。引数は不要です。

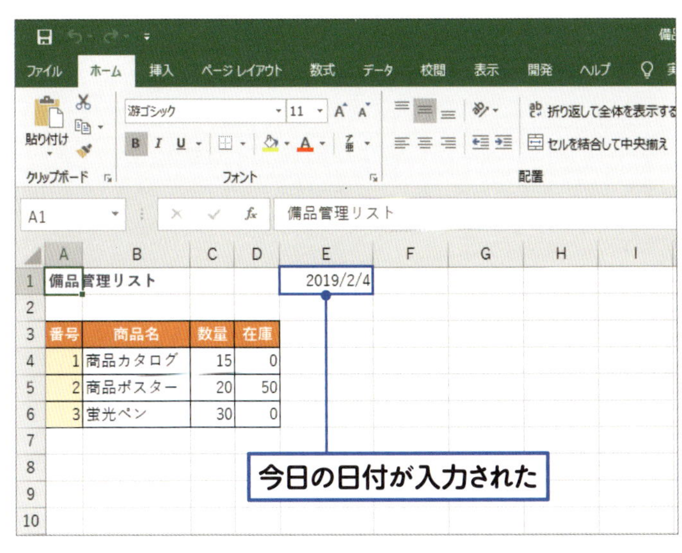

## 実行結果

P.35の方法でマクロを実行します。セルに日付が入力されます。

練習ファイル ：05-03a　完成ファイル ：05-03b

# lesson. 5-3 セルをコピーしよう

A3セルを含む表全体のセルを指定する方法を知りましょう。ここでは、表全体をコピーしてA8セルにコピーします。

## 書き方 セル範囲をコピーするには?

表全体のセル範囲を表すRangeオブジェクトを指定するには、アクティブセル領域を指定するCurrentRegionプロパティを使います（P.71）。
また、セル範囲を表すRangeオブジェクトのCopyメソッドを使って表をコピーします。引数でコピー先のセルを指定できます。

**書式** オブジェクト.Copy 引数

### A3セルを含む表全体をA8セルにコピーする

# やってみよう！ A3セルを含む表全体をコピーする

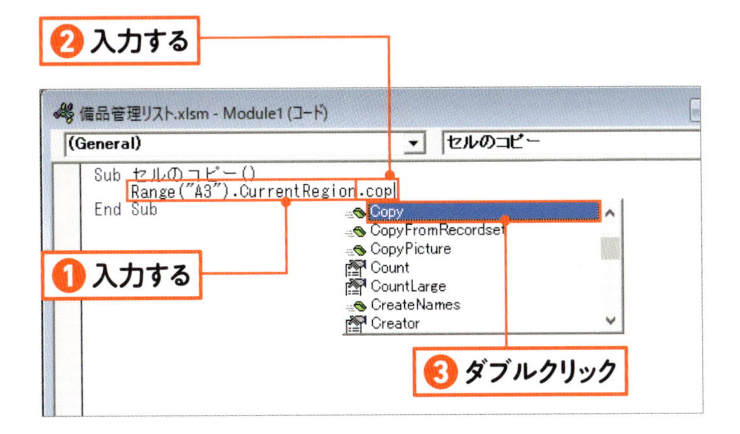


## 01 オブジェクトを指定する

A3セルを含むアクティブセル領域を表すオブジェクトを入力します❶。「.cop」を入力し❷、「Copy」をダブルクリックします❸。

> **memo**
> セル範囲を移動するには、Cutメソッドを使います。

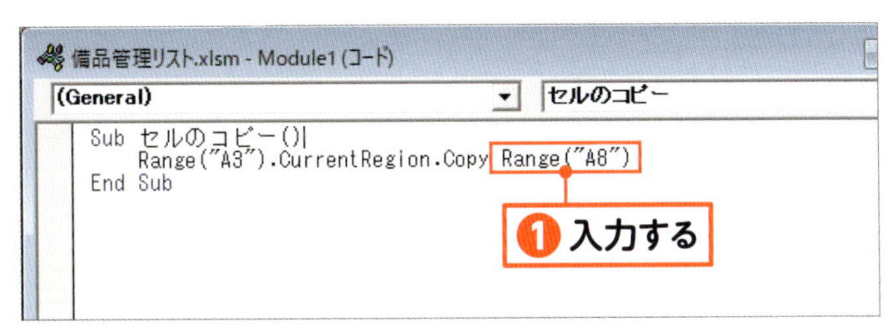


## 02 コピー先を指定する

半角スペースを入力したあと、コピー先のセルのオブジェクトを入力します❶。

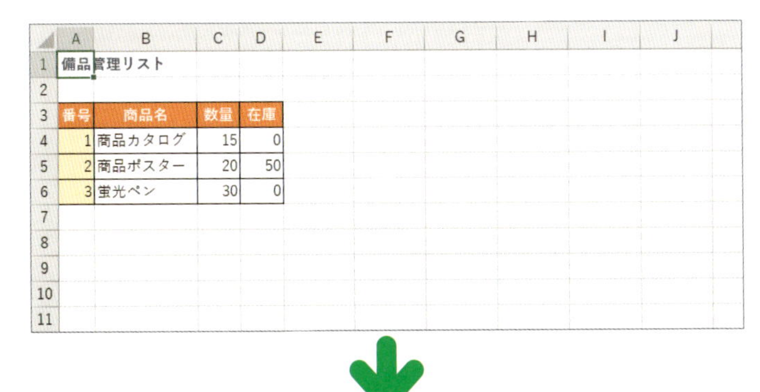

## 03 実行結果

P.35の方法でマクロを実行します。表全体がコピーされます。

> **memo**
> アクティブセルのRangeオブジェクトを指定するには、ApplicationオブジェクトやWindowオブジェクトのActiveCellプロパティを使う方法があります。オブジェクトの指定を省略した場合は、アクティブウィンドウのアクティブシートのアクティブセルを指定できます。

# 5-4 行・列をコピーしよう

行や列を表すRangeオブジェクトを指定して、行や列を操作します。ここでは、E列全体をコピーして、C列に追加します。

## 書き方 行や列をコピーするには?

列全体を表すRangeオブジェクトを指定するには、WorksheetオブジェクトやRangeオブジェクトのColumnsプロパティを使います。行全体を表すRangeオブジェクトは、Rowsプロパティで指定します（P.71）。
ここでは、列全体を表すRangeオブジェクトのCopyメソッドで列全体をコピーしたあとに、Insertメソッドを使って列全体を指定した場所に挿入します。

### E列をコピーする

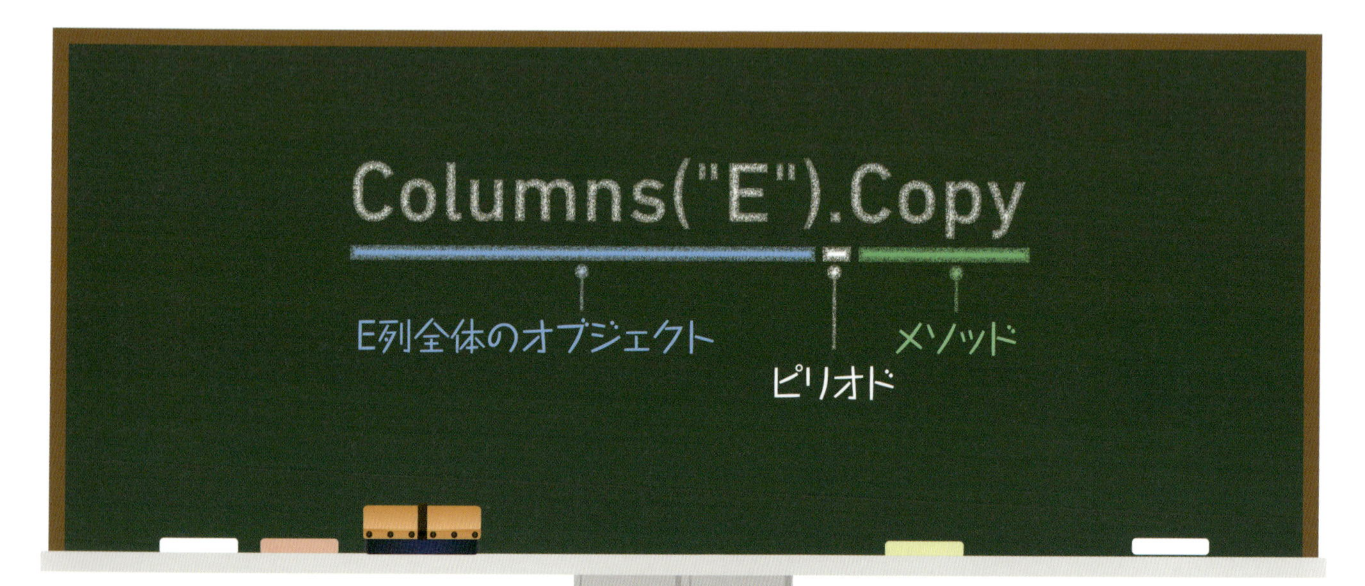

# やってみよう! E列をコピーしてC列に挿入する

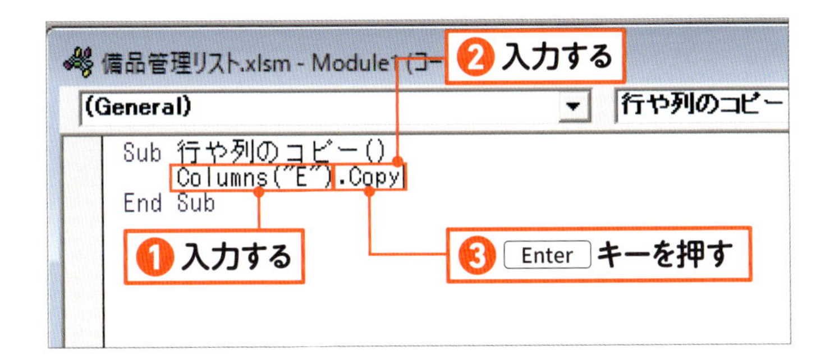


## 01 列をコピーする

E列全体を表すRangeオブジェクトを指定し❶、ピリオドを入力したあと、「Copy」を入力し❷、Enter キーを押します❸。

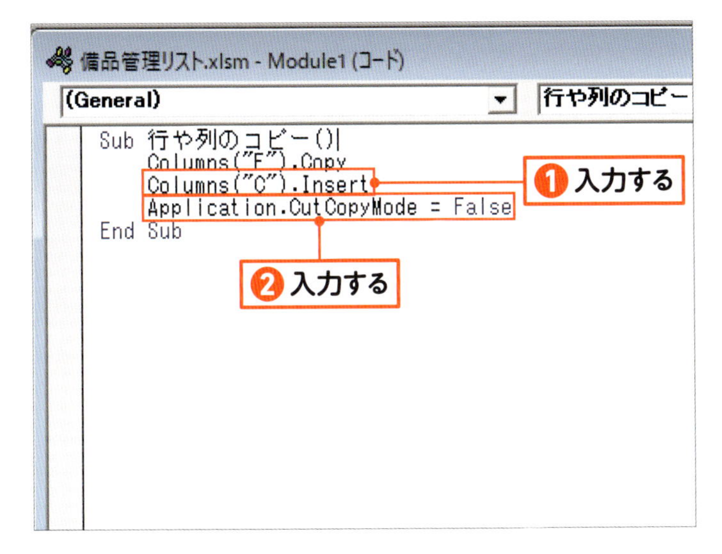


## 02 列を挿入する

C列を表すRangeオブジェクトを指定し、Insertメソッドを使ってコピーした内容を挿入します❶。コピーモードをオフにします❷。

**memo**

列をコピーしたあと、コピー元に表示される点線を消してコピーモードを解除するには、ApplicationオブジェクトのCutCopyModeプロパティにFalseを指定します。

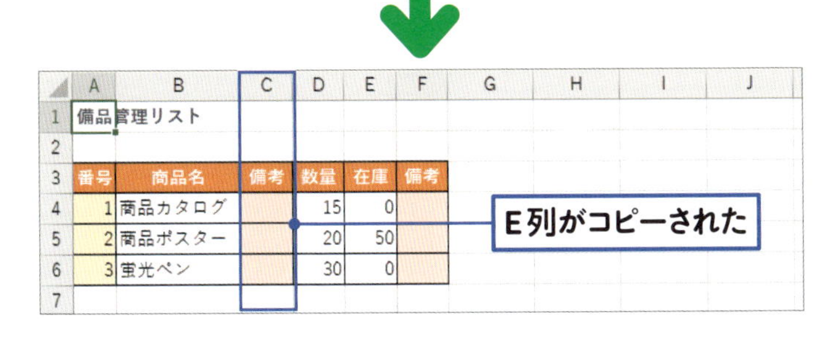


## 03 実行結果

P.35の方法でマクロを実行します。E列がコピーされてC列に追加されました。

# 第5章　練習問題

## 1

**Rangeオブジェクトとは何ですか?**

① セルやセル範囲を表すオブジェクト

② シートを表すオブジェクト

③ ブックを表すオブジェクト

## 2

**「Range("A1:C3")」はどのセル範囲を表しますか?**

① A1～C3セル

② A1セルとC3セル

③ A列～C列

## 3

**表全体を指定するときに使うプロパティはどれですか?**

① Offsetプロパティ

② Endプロパティ

③ CurrentRegionプロパティ

Chapter

# シートやブックを操作しよう

この章では、VBAでシートやブックを扱う方法を紹介します。シートやブックを表すオブジェクトの指定方法を知りましょう。また、VBAでは、同じ種類のオブジェクトの集まりを表すコレクションというオブジェクトを操作できます。コレクションについても紹介します。

練習ファイル ：06-01a　完成ファイル ：06-01b

# lesson. 6-1 シートやブックを扱うには

ここでは、シートやブックの集合を表すコレクションについて紹介します。また、個々のブックやシートを表すオブジェクトの指定方法も知っておきましょう。

## 図解 シートやブックの集まりとは？

Excelでは、複数のブックを開いたり、1つのブックに複数のシートを追加したりできます。VBAでは、ブックの集まりやシートの集まりなど、同じ種類のオブジェクトの集まりを「コレクション」といいます。コレクションも、オブジェクトと同様にプロパティやメソッドなどが用意されているので、コレクションに対してもさまざまな指示ができます。

### コレクションは同じ種類のオブジェクトをまとめたもの

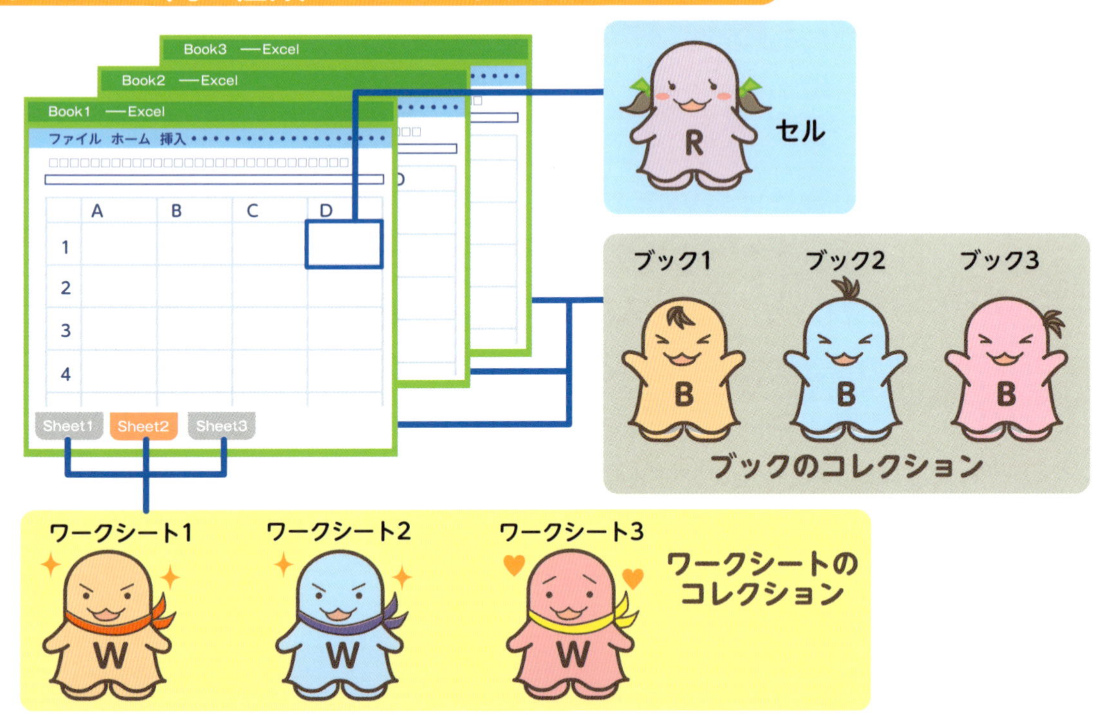

# やってみよう! すべてのブックを閉じる

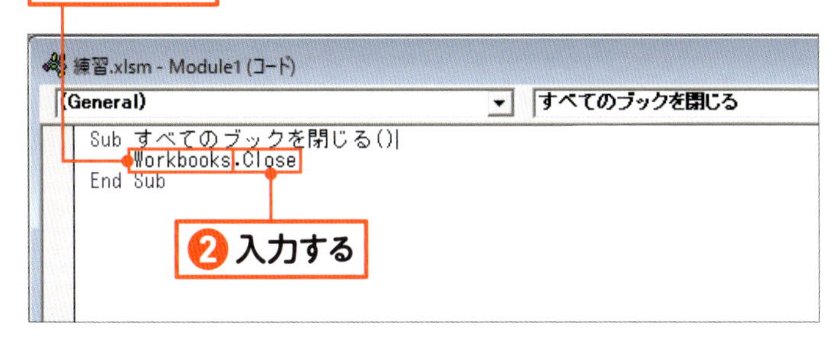

## 01 コレクションを扱う

開いているすべてのブックを表すWorkbooksコレクションを入力します❶。「.」(ピリオド)を入力し、Closeメソッドを入力します❷。

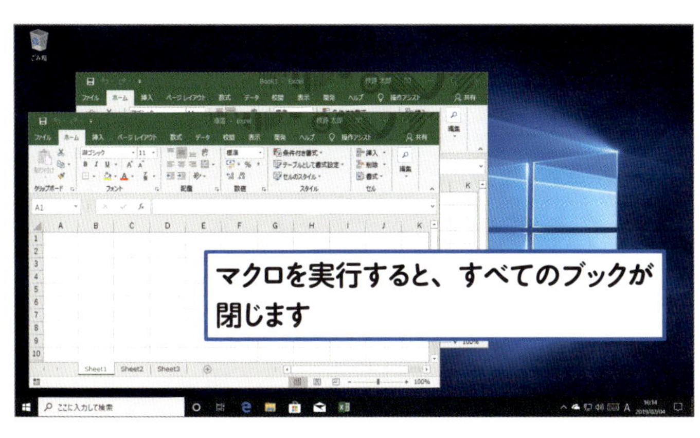

## 02 実行結果

P.35の方法でマクロを実行すると、すべてのブックが閉じます。

**memo**

WorkbooksコレクションのCloseメソッドを使うと、開いているすべてのブックが閉じます。

### Check! コレクションを指定するには?

ブックの集まりを表すWorkbooksコレクションを指定するには、ApplicationオブジェクトのWorkbooksプロパティを使います。Applicationオブジェクトの指定は省略できます。また、ワークシートの集まりを表すWorksheetsコレクションを指定するには、WorkbookオブジェクトのWorksheetsプロパティを使います。オブジェクトの指定を省略すると、アクティブブックが指定されたものとみなされます。

● Workbooksコレクションの指定

| 指定例 | 指定内容 |
|---|---|
| Workbooks | ブックのコレクション(開いているブックの集まり) |

● Worksheetsコレクションの指定

| 指定例 | 指定内容 |
|---|---|
| Workbooks("Book1").Worksheets | 「Book1」ブックのワークシートのコレクション(ワークシートの集まり) |
| Worksheets | アクティブブックのワークシートのコレクション(ワークシートの集まり) |

## やってみよう! 指定したブックを閉じる

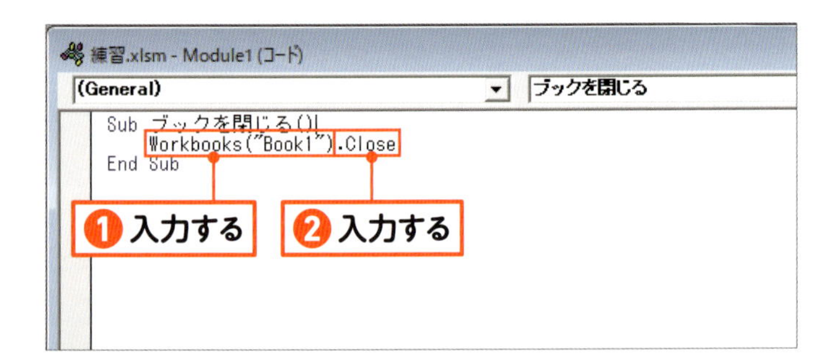

### 01 ブックを扱う

「Book1」というブックを表すオブジェクトを指定します❶。「.」(ピリオド)を入力し、Closeメソッドを入力します❷。

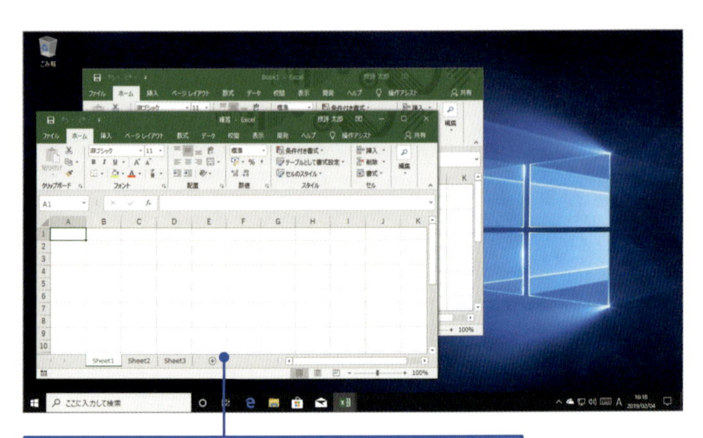

マクロを実行するとBook1ブックが閉じます

### 02 実行結果

P.35の方法でマクロを実行します。「Book1」ブックが閉じます。

**memo**

Workbookオブジェクトの Close メソッドを使うと、指定したブックが閉じます。

### Check! 特定のブックやシートを指定するには?

コレクション内の特定のオブジェクトを指定するには、コレクションのItemプロパティの引数でオブジェクトを特定する情報(インデックス番号か名前)を指定します。なお、Itemプロパティは省略できますので「コレクション.Item(インデックス番号)」や「コレクション.Item(名前)」ではなく、以下のように指定できます。

●ブックの指定

| 指定例 | 指定内容 |
| --- | --- |
| Workbooks(1) | 何番目に開いたブックかをインデックス番号で指定 |
| Workbooks("Book1") | ブックの名前を「"」(ダブルクォーテーション)で囲って指定 |

●シートの指定

| 指定例 | 指定内容 |
| --- | --- |
| Worksheets(1) | 左から何枚目のワークシートかをインデックス番号で指定 |
| Worksheets("Sheet1") | シートの名前を「"」(ダブルクォーテーション)で囲って指定 |

# 上位オブジェクトを省略して書くには?

P.21で紹介したように、オブジェクトは階層構造で管理されています。ブックやシート、セルを表すオブジェクトを指定するときは、上位の階層から順に指定します。
たとえば、「「Book1」ブックの「Sheet2」シートの「A3」セルに、「おはよう」と入力する」という内容は、次のように書きます。Applicationオブジェクトは、一般的に省略して書きます。

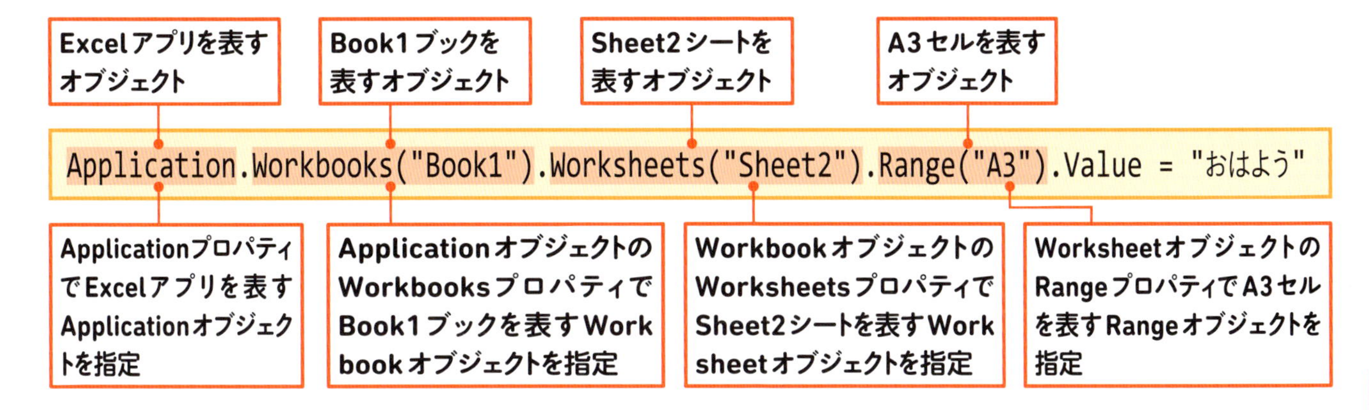


## オブジェクトの指定を省略する

上位のオブジェクトは、省略して書くこともできます。ブックの指定を省略した場合はアクティブブックを、ブックとシートの指定を省略した場合はアクティブブックのアクティブシートを対象にしたものとみなされます。

**省略しないで書く場合**

```
Workbooks("Book1").Worksheets("Sheet2").Range("A3").Value = "おはよう"
```

「Book1」ブックの「Sheet2」シートのA3セルに「おはよう」と入力する。

**ブックの指定を省略した場合**

```
Worksheets("Sheet2").Range("A3").Value = "おはよう"
```

アクティブブックの「Sheet2」シートのA3セルに「おはよう」と入力する。

**ブックとシートの指定を省略した場合**

```
Range("A3"). Value = "おはよう"
```

アクティブブックのアクティブシートのA3セルに「おはよう」と入力する。

練習ファイル ：06-02a　完成ファイル ：06-02b

lesson.

# 6-2 シートを追加しよう

ワークシートの集まりを表すWorksheetsコレクションのAddメソッドを使って、新しいシートを追加してみましょう。メソッドの引数で、追加する場所を指定できます。

## 書き方 シートを追加するには？

Worksheetsコレクションの Add メソッドを使って、シートを追加します。引数の Before または After で追加先、Count で追加するシートの数、Type でシートの種類を指定できます。特定のシートの前にシートを追加するには引数 Before、あとに追加するには引数 After を指定します。両方省略すると、アクティブシートの前に追加されます。

書式 オブジェクト. Add([Before],[After],[Count],[Type])

### ワークシートを左端に追加する

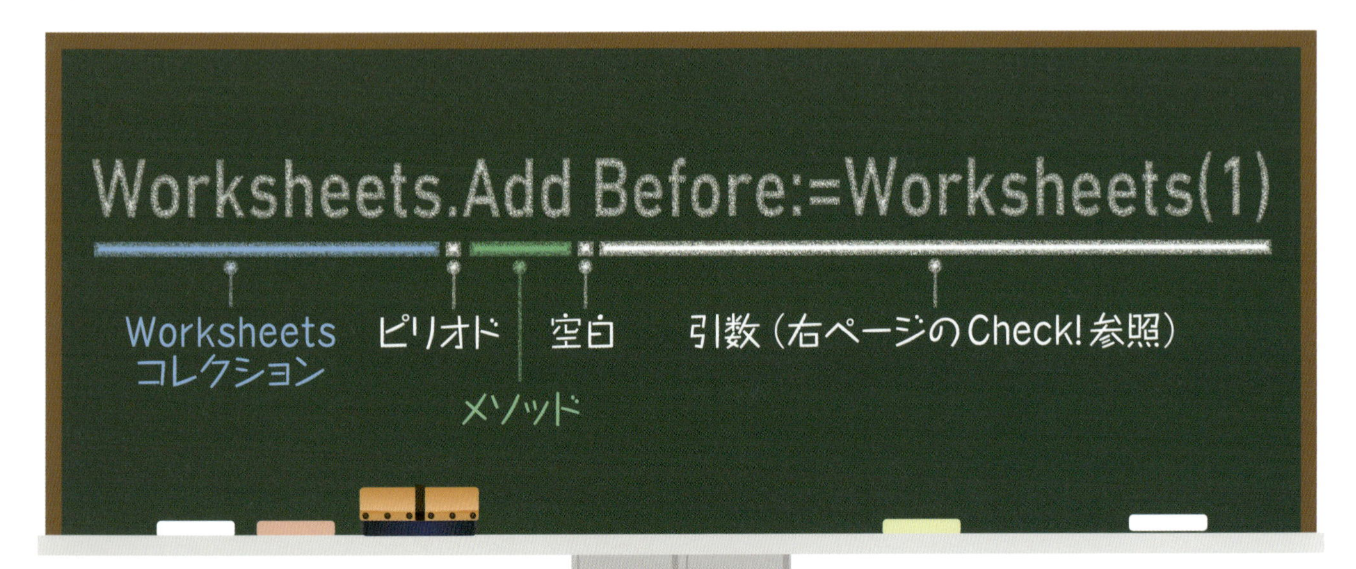

# やってみよう! 一番左のシートの前に新しいシートを追加する

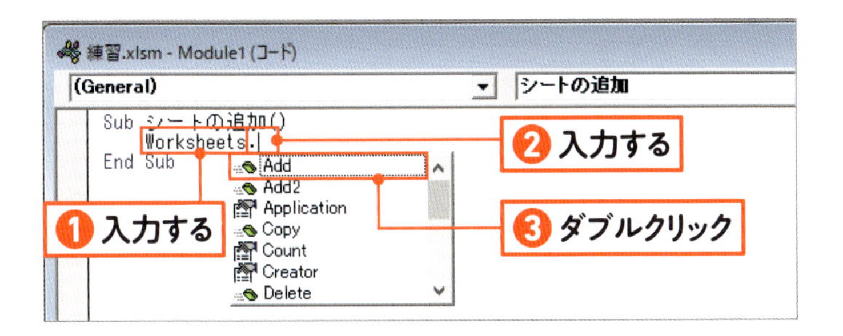

## 01 コレクションを指定する

Worksheetsコレクションを入力し❶、「.」(ピリオド)を入力して❷「Add」をダブルクリックします❸。

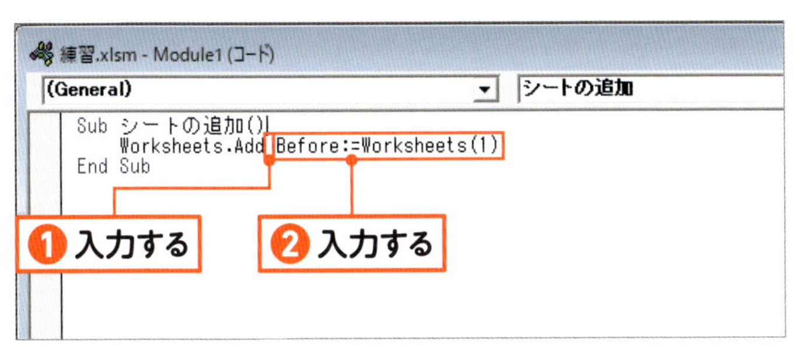


## 02 メソッドの引数を指定する

半角スペースを入力し❶、引数でワークシートの追加先(ここでは、1番左のシートの前)を指定します❷。

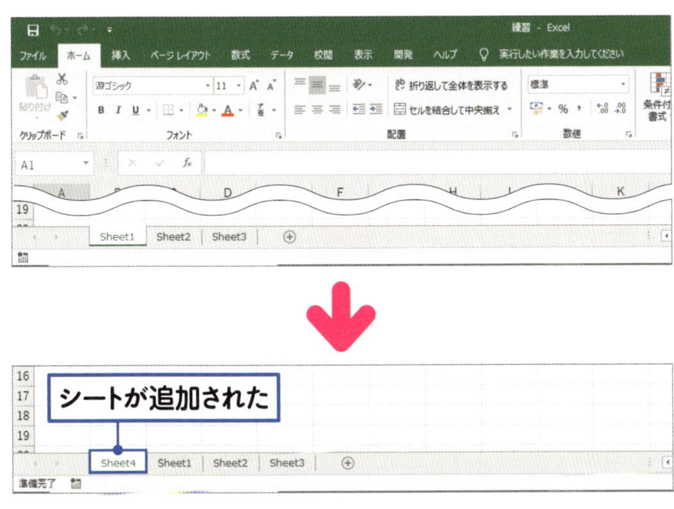


## 03 実行結果

P.35の方法でマクロを実行します。左端のシートの前にシートが追加されます。

## Check! 引数名を使った引数の指定

メソッドの引数には、それぞれに引数名がつけられています。Addメソッドの場合、第1引数はBefore、第2引数はAfter、第3引数はCount、第4引数はTypeという名前です。引数名に続けて「:=」と値を入力すると、その名前の引数に値を指定できます。

6 シートやブックを操作しよう

練習ファイル：06-03a　完成ファイル：06-03b

# 6-3 シートを削除しよう

不要になったシートを削除する方法を知っておきましょう。シートを削除するには、特定のシートを表すWorksheetオブジェクトのメソッドを使用します。

## 書き方 シートを削除するには？

Worksheetオブジェクトの Delete メソッドを使うと、シートを削除することができます。

オブジェクト.Delete

ここでは、「練習1」シートを指定して削除します。「練習1」シートを表すWorksheetオブジェクトを指定して、Deleteを使って削除します。

### 「練習1」シートを削除する

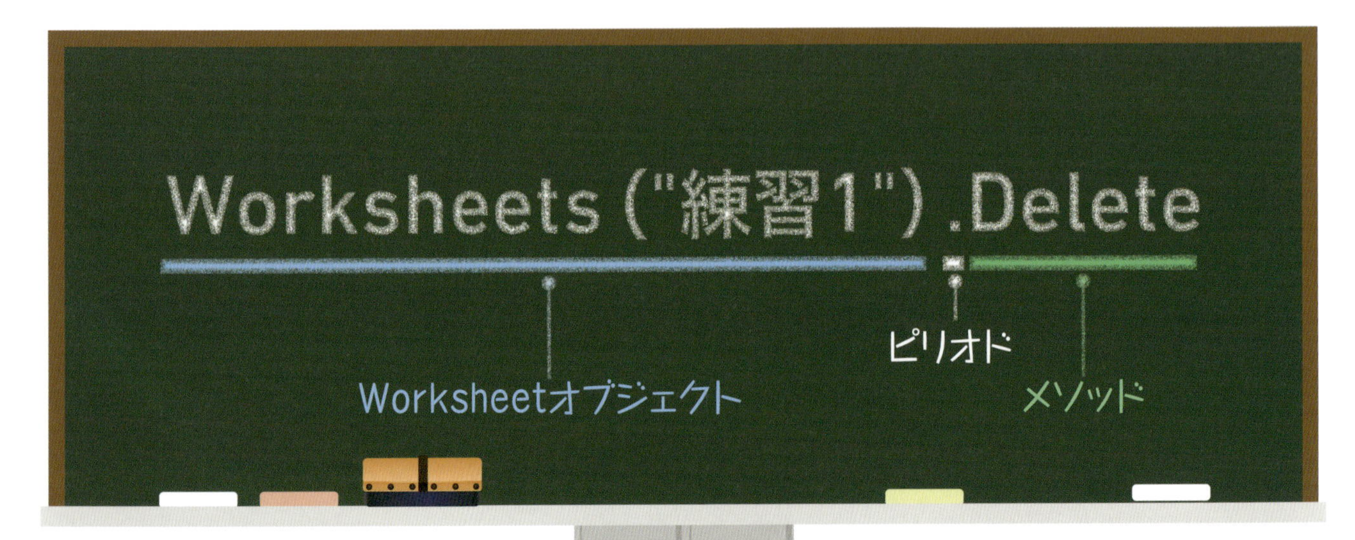

# やってみよう! 「練習1」シートを削除する

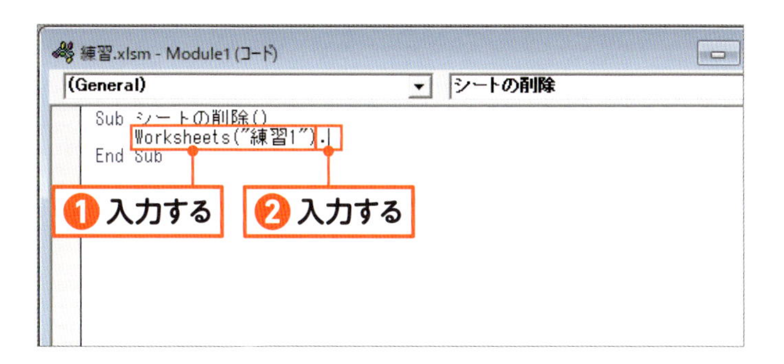


## 01 オブジェクトを指定する

Worksheetオブジェクトを入力し❶、「.」(ピリオド) を入力します❷。

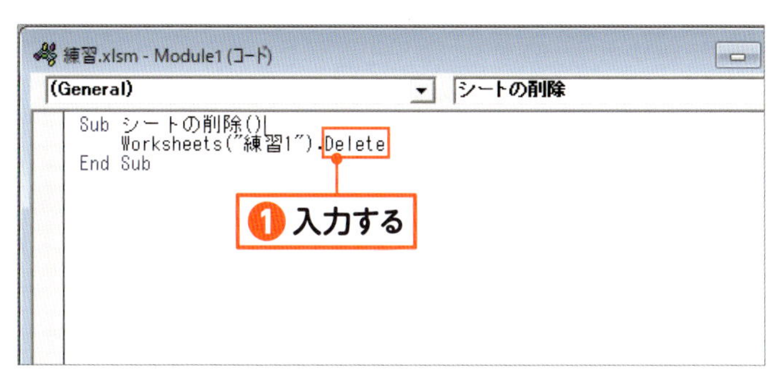


## 02 メソッドを指定する

Deleteメソッドを入力します❶。

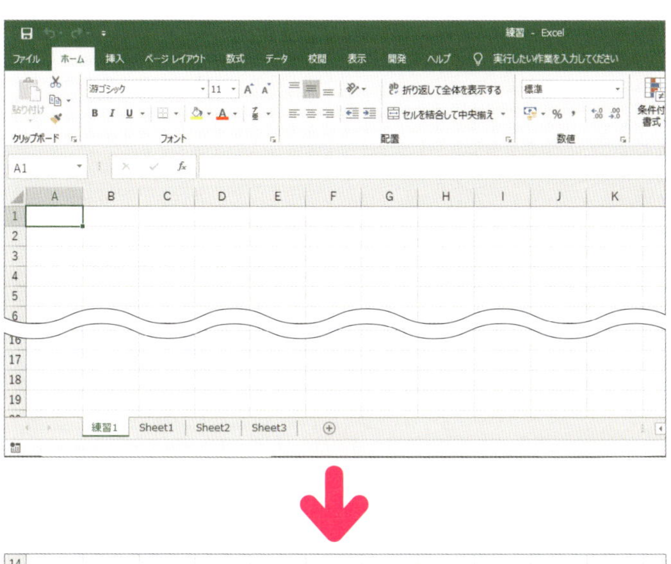

## 03 実行結果

P.35の方法でマクロを実行します。削除確認のメッセージで「削除」を左クリックすると「練習1」シートが削除されます。

lesson.

練習ファイル：06-04a　完成ファイル：06-04b

# 6-4 ブックを追加しよう

Workbooksコレクションの Addメソッドを使用して、新しいブックを追加します。ここでは、ワークシートを含む通常のブックを追加します。

## 書き方 ブックを追加するには?

Workbooks コレクションの Add メソッドを使うと、ブックを追加することができます。

書式 オブジェクト.Add 引数

引数を省略すると、ワークシートを含む通常のブックが追加されます。追加されたブックはアクティブブックになります。

### ブックを追加する

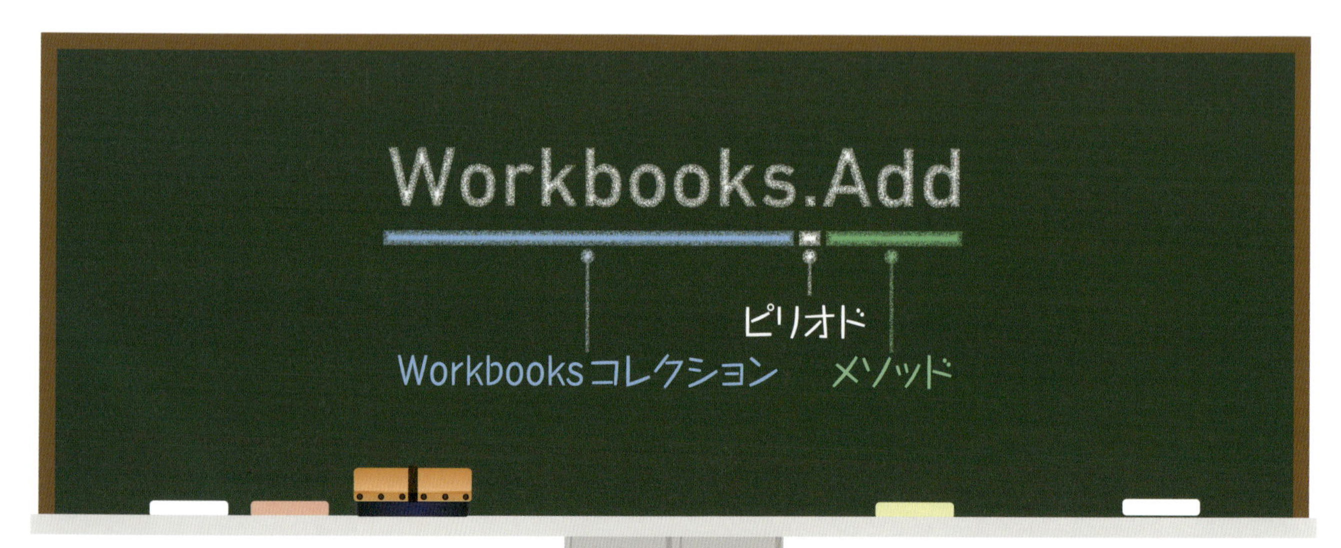

# やってみよう! 新しいブックを追加する

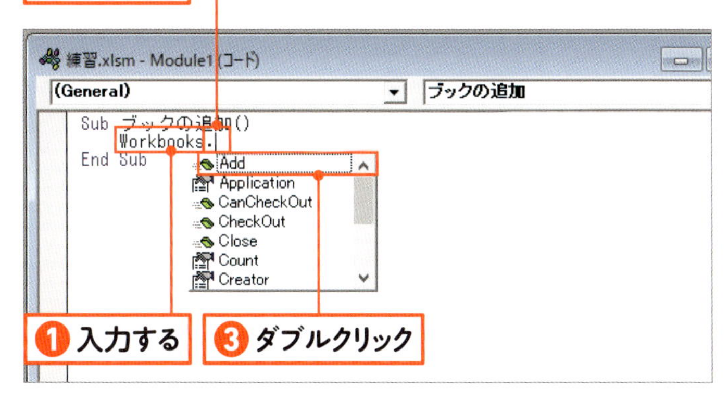

## 01 コレクションを指定する

Workbooksコレクションを入力し①、「.」（ピリオド）を入力して②「Add」をダブルクリックします③。

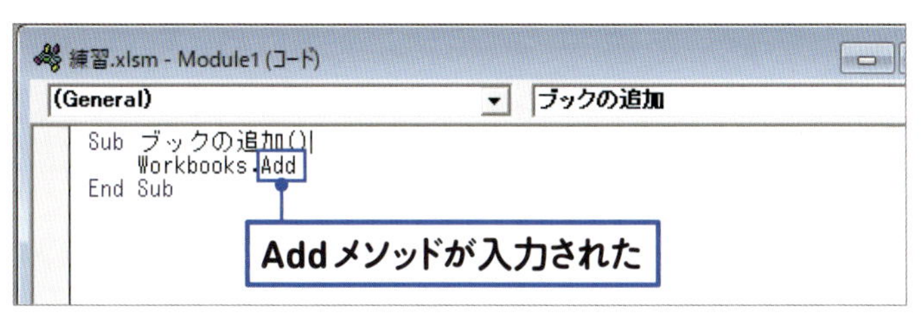

## 02 メソッドを指定する

Addメソッドが入力されます。

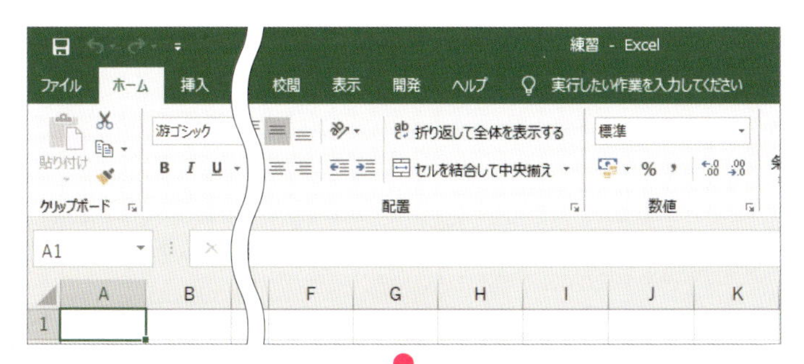

## 03 実行結果

P.35の方法でマクロを実行します。新しいブックが別ウィンドウで開きます。

# 第6章 練習問題

## 1

アクティブブックの「練習」シートのA1セルを表すオブジェクトの書き方はどれですか？

① Worksheets("練習").Range("A1")

② Workbooks("Book1").Worksheets("練習").Range("A1")

③ Range("A1")

## 2

コレクションとは何ですか？

① 同じ種類のオブジェクトの集まり

② オブジェクトのメソッド

③ オブジェクトの性質

## 3

コレクション内の特定のオブジェクトを指定する書き方で間違っているものはどれですか？

① コレクション(インデックス番号)

② コレクション

③ コレクション(名前)

Chapter

# 条件によって処理を分けよう

この章では、指定した条件を満たすかどうかを判定して、条件を満たす場合とそうでない場合とで、マクロで実行することを分ける方法を紹介します。このような処理を行うための決まった書き方を覚えましょう。また、条件を指定する方法も知りましょう。

# 7-1 処理を分けることでできること

指定した条件を満たすかどうかによって処理を分けるには、条件を正しく指定することが重要です。ここでは、条件の書き方を紹介します。

## 図解 条件を満たすかどうか判定するには?

指定した条件を満たすかどうかによって実行する操作を分けるには、条件を指定して、条件を満たす場合とそうでない場合に行うことを指定します。条件は、True（条件を満たす）かFalse（条件を満たさない）で判定できるように指定します。

### 条件がTrueかFalseかで処理を分ける!

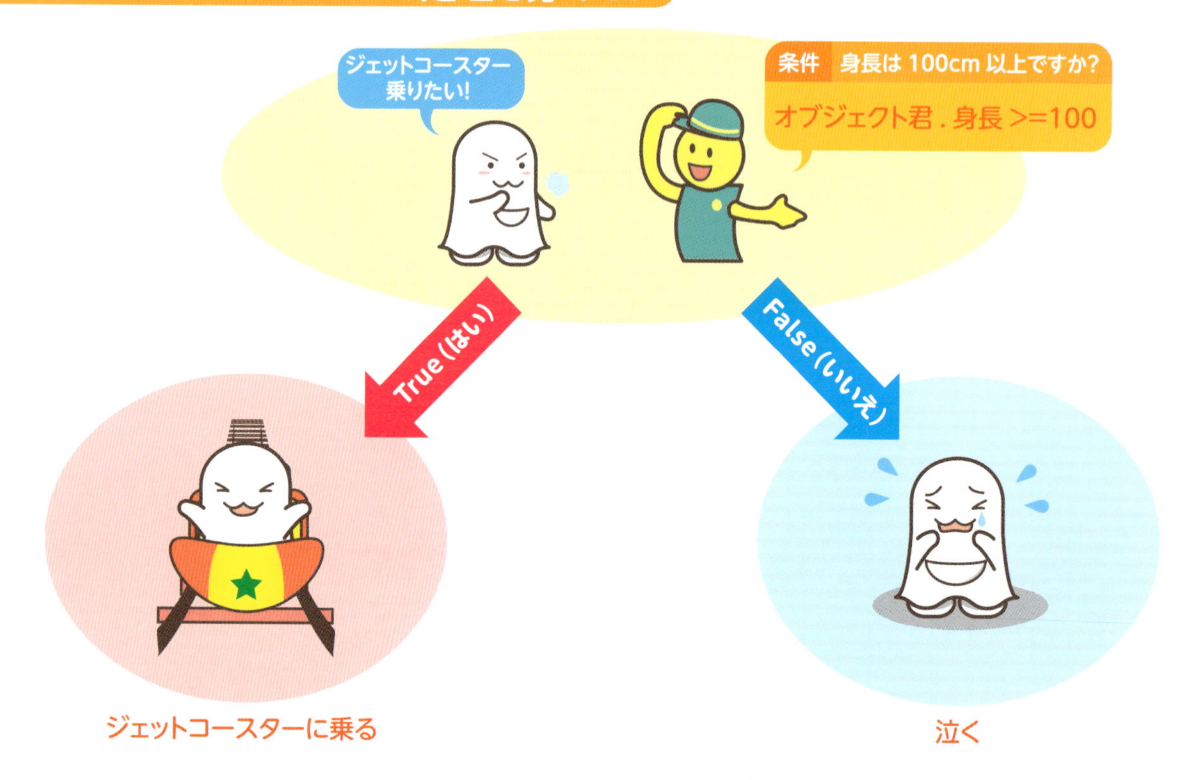

## 条件の書き方は?

条件を指定するときは、If という文字を入力したあとに条件を表す数式（条件式）を書きます。多くの場合は、比較対象のデータを指定したあとに比較演算子を入力し、比較するデータを指定します。たとえば、プロパティの値とデータが等しいかどうか調べる条件式は、「=」を使って次のように書きます。

**条件　プロパティの値とデータは等しい?**

オブジェクト.プロパティ=データ

## 比較演算子とは?

比較演算子とは、2つの値を比較した結果をTrueまたはFalseで返すものです。次のような記号を使って、条件を指定します。

| 演算子 | 内容 | 例 |
|---|---|---|
| = | 等しい | Range("A1").Value = 1<br>A1セルが「1」の場合はTrue、そうでない場合はFalseを返す |
| > | より大きい | Range("A1").Value > 1<br>A1セルが「1」より大きい場合はTrue、そうでない場合はFalseを返す |
| >= | 以上 | Range("A1").Value >= 1<br>A1セルが「1」以上の場合はTrue、そうでない場合はFalseを返す |
| < | より小さい | Range("A1").Value < 1<br>A1セルが「1」より小さい場合はTrue、そうでない場合はFalseを返す |
| <= | 以下 | Range("A1").Value <= 1<br>A1セルが「1」以下の場合はTrue、そうでない場合はFalseを返す |
| <> | 等しくない | Range("A1").Value <> 1<br>A1セルが「1」ではない場合はTrue、そうでない場合はFalseを返す |

# 7-2

練習ファイル ：07-02a 完成ファイル ：07-02b

# データがあるときだけ表をコピーしよう

条件を満たす場合とそうでない場合とで別々の操作を行います。ここでは、A4セルが空欄の場合はメッセージを表示し、そうでない場合は、表をコピーします。

## 書き方 条件を満たすかによって実行する操作を分けるには？

Ifのあとに条件を指定し、条件を満たす場合は「操作A」を実行します。条件を満たさない場合は「操作B」を実行します。条件を満たさない場合に何も実行しない場合は、「Else」と「操作B」は省略します。

### 条件を満たすかどうかによって別々の処理を行うときの書き方

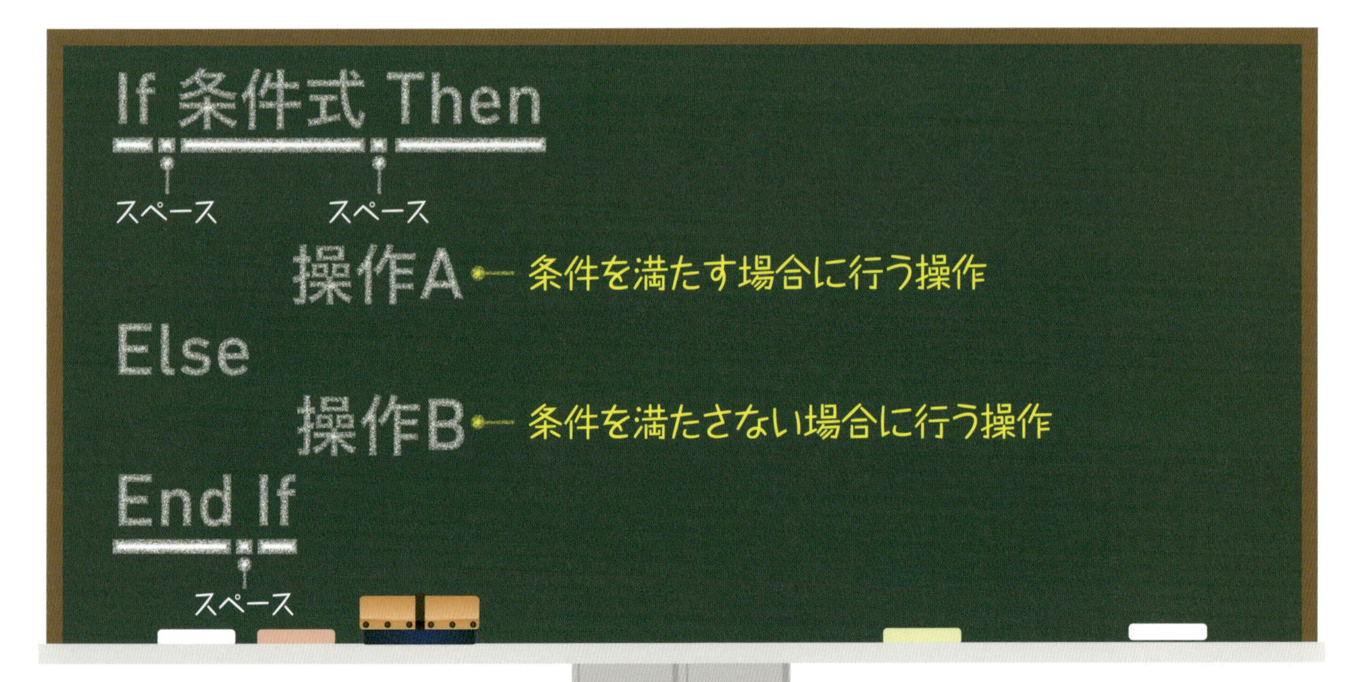

## やってみよう! A4セルが空欄かどうかによって実行する操作を分ける

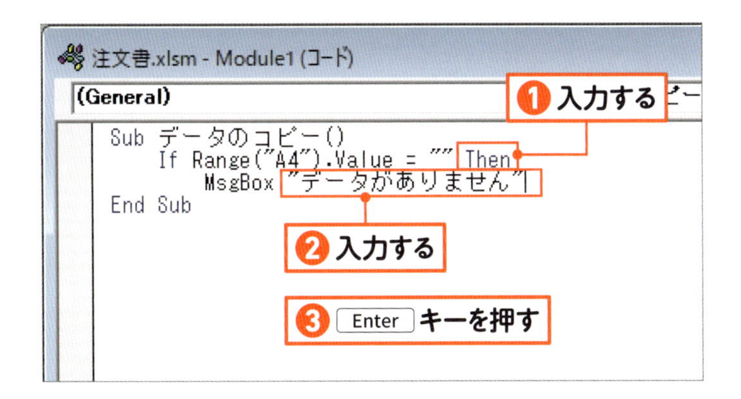


### 01 条件を満たす操作を書く

「If」のあとにスペースを入力し、条件を入力し、「Then」と入力します❶。改行して Tab キーを押して、条件を満たす場合の操作（ここでは、メッセージを表示します）を書きます❷。改行します❸。

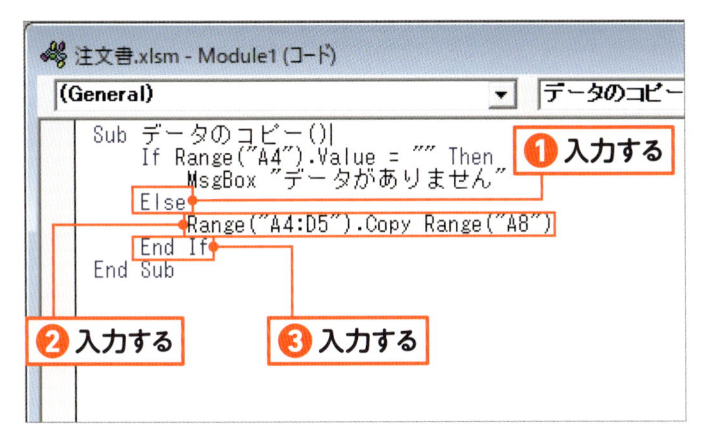


### 02 条件を満たさない場合の操作を書く

Shift キー＋ Tab キーを押して字下げを解除します。「Else」を入力して改行します❶。 Tab キーを押して、条件を満たさない場合の操作（ここでは、A4セル～D5セルをA8セルにコピーします）を書きます❷。改行して「End If」を入力します❸。

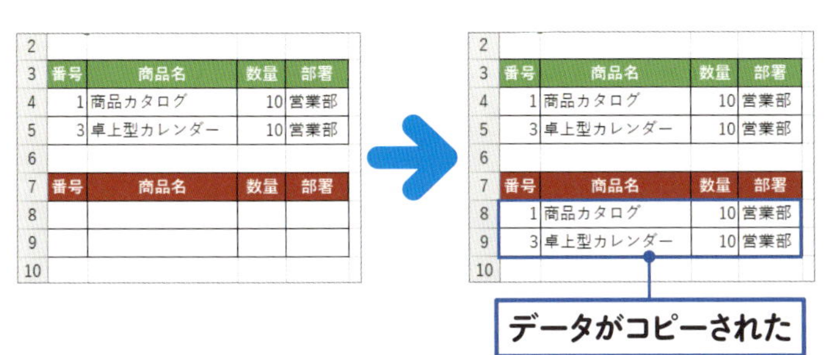


### 03 実行結果

P.35の方法でマクロを実行します。A4セルにデータが入力されている場合は、A4セル～D5セルがA8セルにコピーされます。

### Check! セルが空欄かどうかを判定する条件式

ここでは、セルが空欄かどうかを調べるために、次の条件式を使っています。右辺の「""」（ダブルクォーテーション2つ）は、「空欄」を表す文字列です。

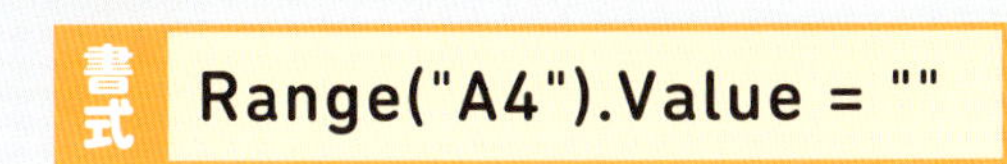

# 7-3

練習ファイル ：07-03a　完成ファイル ：07-03b

# メッセージにボタンを表示しよう

「はい」と「いいえ」ボタンを表示するメッセージを表示します。メッセージの内容や表示するボタンを指定する方法を知りましょう。

## 書き方 MsgBox関数の書き方とは？

MsgBox関数を使うと、メッセージやボタンを表示できます。書き方と引数は次のとおりです。

書式
```
MsgBox(Prompt,[Buttons],[Title],[Helpfile],[Context])
```

**Prompt** ：メッセージに表示する文字を指定します。
**Buttons** ：表示するボタンの種類やアイコンを指定します。
**Title** ：メッセージ画面のタイトルバーに表示する文字を指定します。
**Helpfile** ：ヘルプを表示する場合、ヘルプファイル名を指定します。
**Context** ：ヘルプを表示する場合、対応したコンテキスト番号を指定します。

### 「はい」「いいえ」ボタン付きのメッセージを表示する

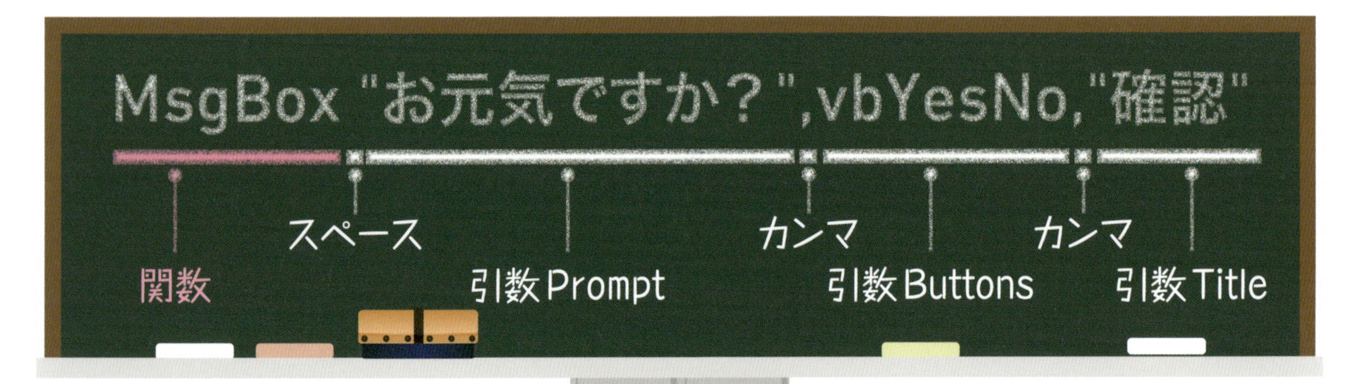

# やってみよう! ボタンやアイコンがついたメッセージを表示する

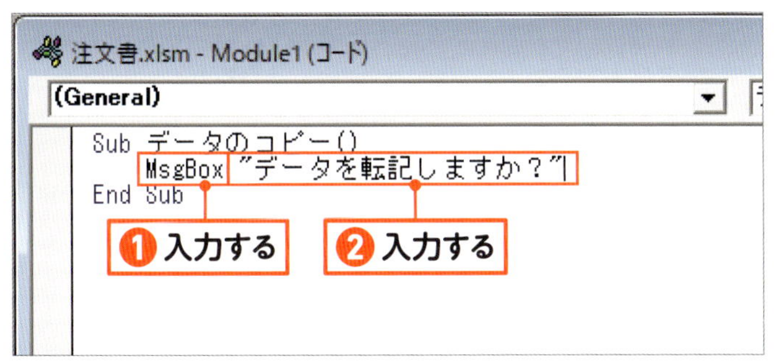


## 01 関数を入力する

MsgBox関数を入力します❶。メッセージの内容を入力します❷。

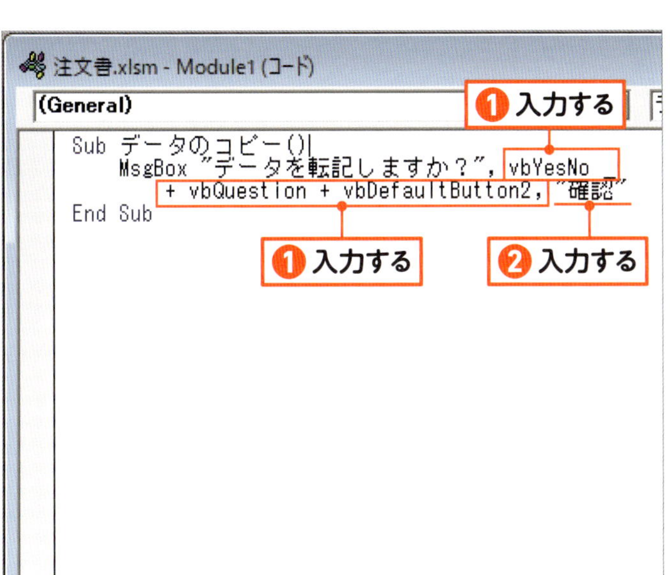


## 02 表示内容を指定する

アイコンやボタン、標準ボタンを指定します❶。メッセージのタイトルバーの文字を指定します❷。ここでは、1行が長くなるため、途中で改行して書いています。

**memo**

1行が長くなってしまうときは、きりのよいところで半角スペースと「_」を入力したあと  キーを押して改行します。こうすると、改行しても1つの文とみなされます。

## 03 実行結果

P.35の方法でマクロを実行します。「はい」「いいえ」のボタンを含むメッセージが表示されます。ここでは、どちらのボタンを押してもメッセージが閉じるだけで何も実行されません。

## メッセージに表示するボタンやアイコンなどを指定するには?

MsgBox関数の引数Buttonsでは、次のような内容を指定します。たとえば、「はい」「いいえ」ボタンを表示し、問い合わせメッセージアイコンを表示し、第2ボタンを標準ボタンにするには、「vbYesNo + vbQuestion + vbDefaultButton2」と指定するか、それぞれの番号4、32、256を足した「292」と指定します。なお、標準ボタンとは、最初に選択されているボタンです。選択されているボタンは Enter キーで押すことができます。

### ●表示するボタン

| 設定値 | 番号 | 表示内容 |
|---|---|---|
| vbOKOnly | 0 | [OK] を表示する |
| vbOKCancel | 1 | [OK][キャンセル] を表示する |
| vbAbortRetryIgnore | 2 | [中止(A)][再試行(R)][無視(I)] を表示する |
| vbYesNoCancel | 3 | [はい(Y)][いいえ(N)][キャンセル] を表示する |
| vbYesNo | 4 | [はい(Y)][いいえ(N)] を表示する |
| vbRetryCancel | 5 | [再試行(R)][キャンセル] を表示する |

### ●表示するアイコン

| 設定値 | 番号 | 表示内容 |
|---|---|---|
| vbCritical | 16 | 警告メッセージアイコンを表示する |
| vbQuestion | 32 | 問い合わせメッセージアイコンを表示する |
| vbExclamation | 48 | 注意メッセージアイコンを表示する |
| vbInformation | 64 | 情報メッセージアイコンを表示する |

### ●標準ボタン

| 設定値 | 番号 | 表示内容 |
|---|---|---|
| vbDefaultButton1 | 0 | [はい(Y)][いいえ(N)][キャンセル] 第1ボタンを標準ボタンにする |
| vbDefaultButton2 | 256 | [はい(Y)][いいえ(N)][キャンセル] 第2ボタンを標準ボタンにする |
| vbDefaultButton3 | 512 | [はい(Y)][いいえ(N)][キャンセル] 第3ボタンを標準ボタンにする |

## ボタンを押したときに返ってくるデータは?

メッセージ画面を表示したとき、押されたボタンによって次のようなデータが返ります。どのボタンがクリックされたかを条件式で判定して、実行する操作を分けることができます（P.100）。

●各ボタンの戻り値

| ボタンの種類 | 返ってくるデータ | 返ってくる番号 |
| --- | --- | --- |
| OK | vbOK | 1 |
| キャンセル | vbCancel | 2 |
| 中止 | vbAbort | 3 |
| 再試行 | vbRetry | 4 |
| 無視 | vbIgnore | 5 |
| はい | vbYes | 6 |
| いいえ | vbNo | 7 |

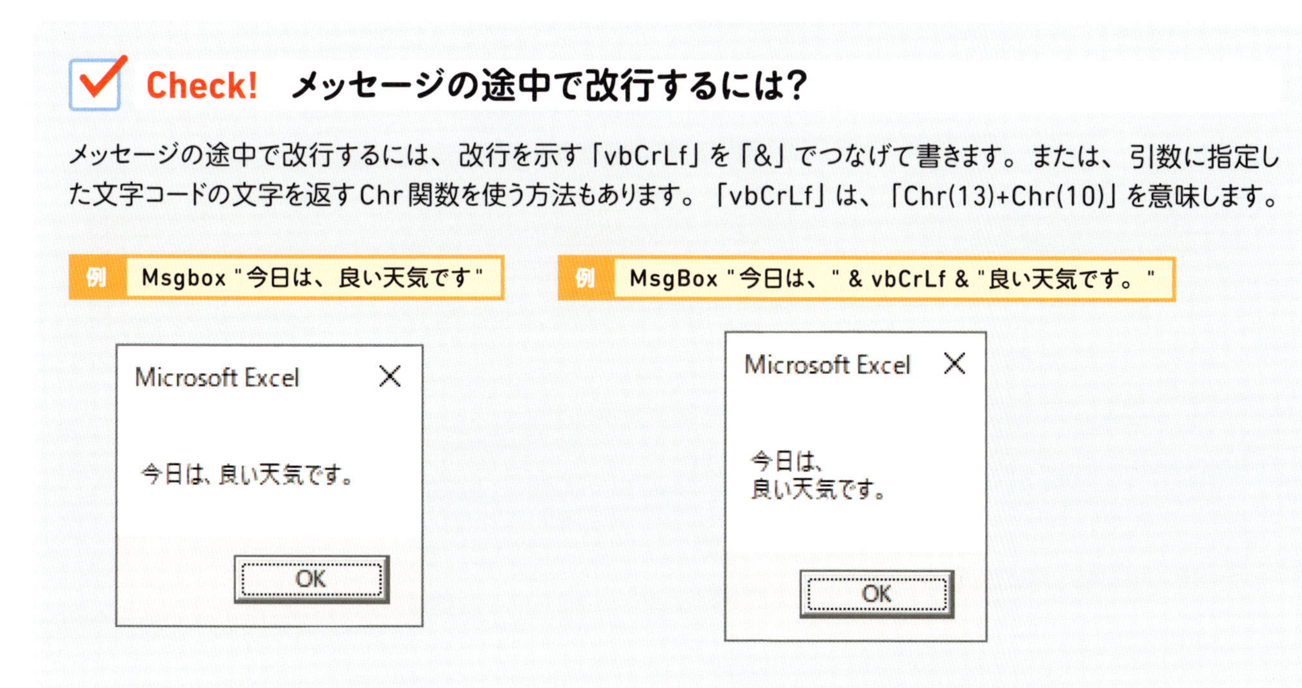

### Check!　メッセージの途中で改行するには?

メッセージの途中で改行するには、改行を示す「vbCrLf」を「&」でつなげて書きます。または、引数に指定した文字コードの文字を返すChr関数を使う方法もあります。「vbCrLf」は、「Chr(13)+Chr(10)」を意味します。

例　Msgbox "今日は、良い天気です"

例　MsgBox "今日は、" & vbCrLf & "良い天気です。"

# 7-4

練習ファイル ：07-04a　完成ファイル ：07-04b

# 「はい」か「いいえ」ボタンで処理を分けよう

メッセージ画面で「はい」を押したときは表のデータをコピーし、「いいえ」を押したときはメッセージを表示します。ボタンを押したときに返るデータを利用します。

## 書き方 メッセージ画面でどのボタンが押されたかを知るには?

MsgBox関数でメッセージ画面を表示します。押されたボタンによって返ってくるデータ（P.99）を利用して実行する操作を分けます。たとえば、「はい」ボタンが押された場合と、そうでない場合とで、実行する操作を分けます。

### どのボタンが押されたかによって別々の処理を行うときの書き方

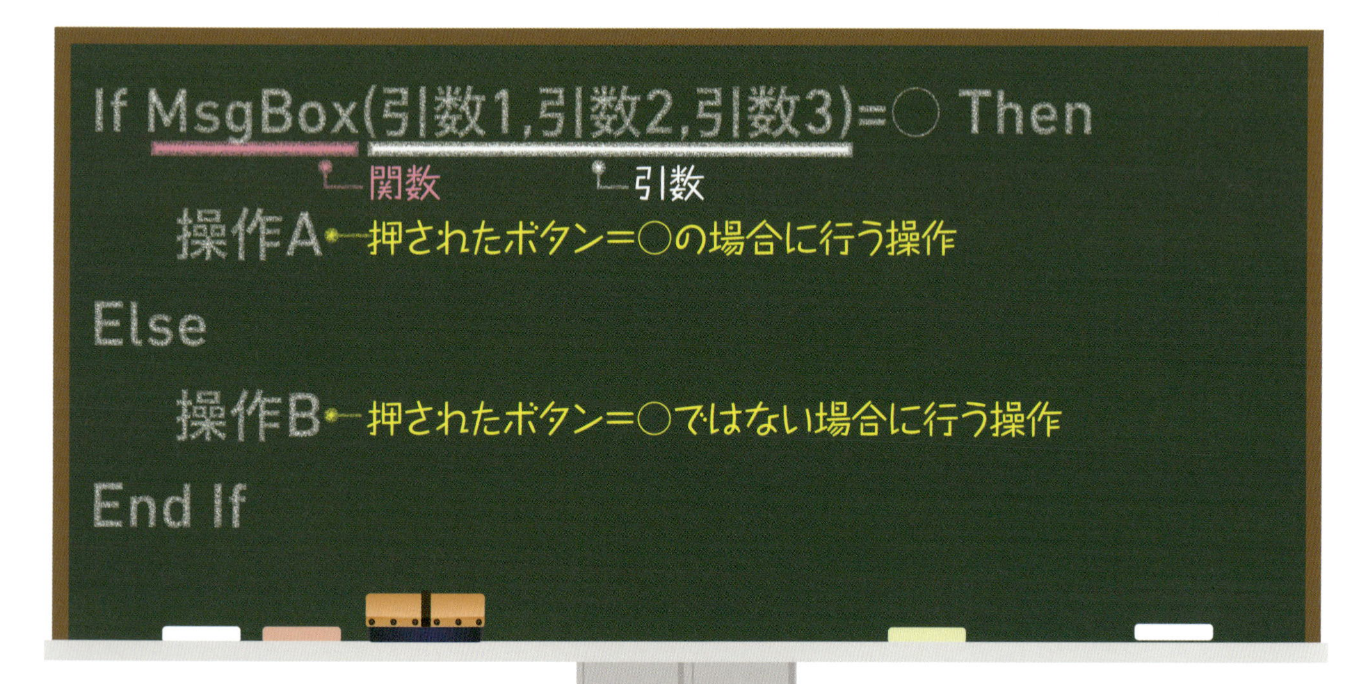

## やってみよう! 押されたボタンによって実行する内容を分ける

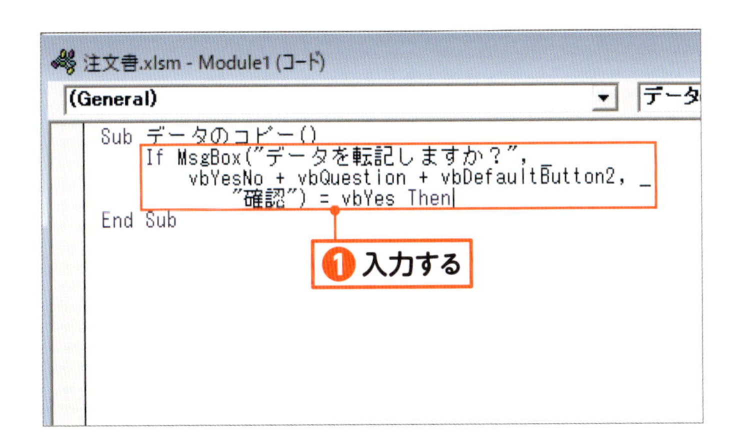


### 01 条件を指定する

メッセージ画面で押されたボタンが「はい」ボタンかどうかを判定する内容を書きます❶。

**memo**

MsgBox関数を使って求めた結果を使う場合は、引数を括弧で囲って指定します。

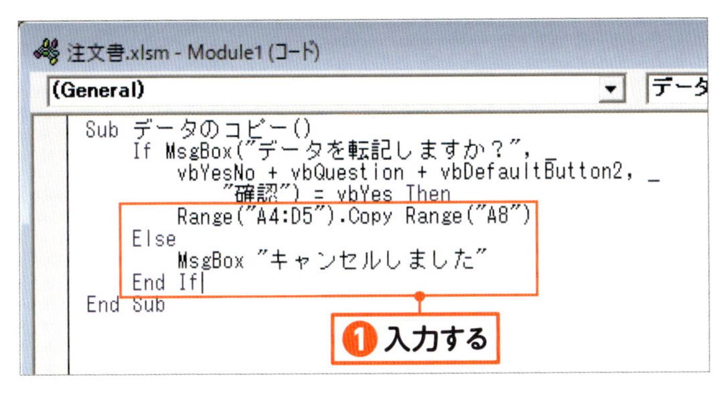


### 02 実行する内容を書く

「はい」が押された場合に行う内容（ここでは、A4セル～D5セルをA8セルにコピーします）と、そうでない場合に行う内容（ここでは、メッセージを表示します）を書きます❶。

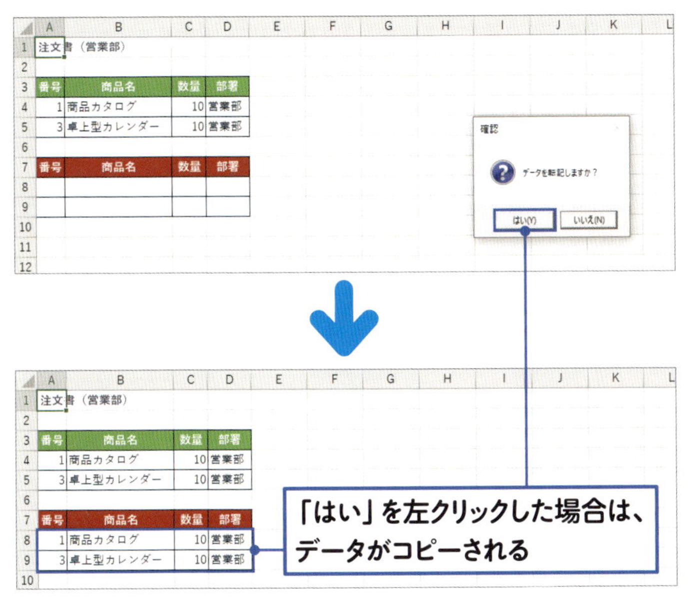


### 03 実行結果

P.35の方法でマクロを実行します。メッセージの「はい」を左クリックすると、A4セル～D5セルの内容がA8セルにコピーされます。「いいえ」を左クリックすると、メッセージが表示されます。

# 第7章 練習問題

## 1

**条件分岐とはどういうものですか？**

① 条件を指定し、条件を満たす場合とそうでない場合とで実行する内容を分けること

② 同じ内容を指定した回数だけ繰り返して実行すること

③ 指定したタイミングでマクロを実行すること

## 2

**条件分岐で「A1セルのデータが100以上」という条件の書き方として正しいものはどれですか？**

① Range("A1").Value = 100

② Range("A1").Value > 100

③ Range("A1").Value >= 100

## 3

**MsgBox関数でメッセージを表示するとき、引数のButtonsで指定できる内容はどれですか？**

① メッセージの内容

② 表示するアイコンやボタンの種類など

③ メッセージのタイトルバーの文字

Chapter

# 同じ処理を繰り返す書き方を知ろう

この章では、同じ操作を何度も繰り返して行う方法を紹介します。同じ方法を何度も書く必要はありません。決まった構文に沿って書くと、簡潔に書けます。繰り返して行う回数を指定する方法の他に、条件を満たすまで繰り返す方法もあります。

lesson.

# 繰り返すことでできること

## 8-1

繰り返し操作を書くときに、繰り返す数を指定する方法は複数あります。また、開いているすべてのブックや、ブック内のシートに対して同じ操作を繰り返すこともできます。どのような方法があるかをイメージしましょう。

### 図解 同じことを繰り返すには？

繰り返しの操作を指定するときは、繰り返す回数を指定したり、指定した条件を満たす間は操作を繰り返すなどを指定できます。

繰り返す処理の指定例

繰り返すこと
お茶碗一杯のご飯を食べる！

3回繰り返す！

お腹がすいている間は繰り返す！

お腹がいっぱいになるまで繰り返す！
STOP

## 繰り返す回数を管理するには？

同じ操作を指定した回数繰り返すときは、今、何回目の操作を行っているのかを正しく管理するために変数（P.106）というものを利用します。たとえば、次のように指示をします。

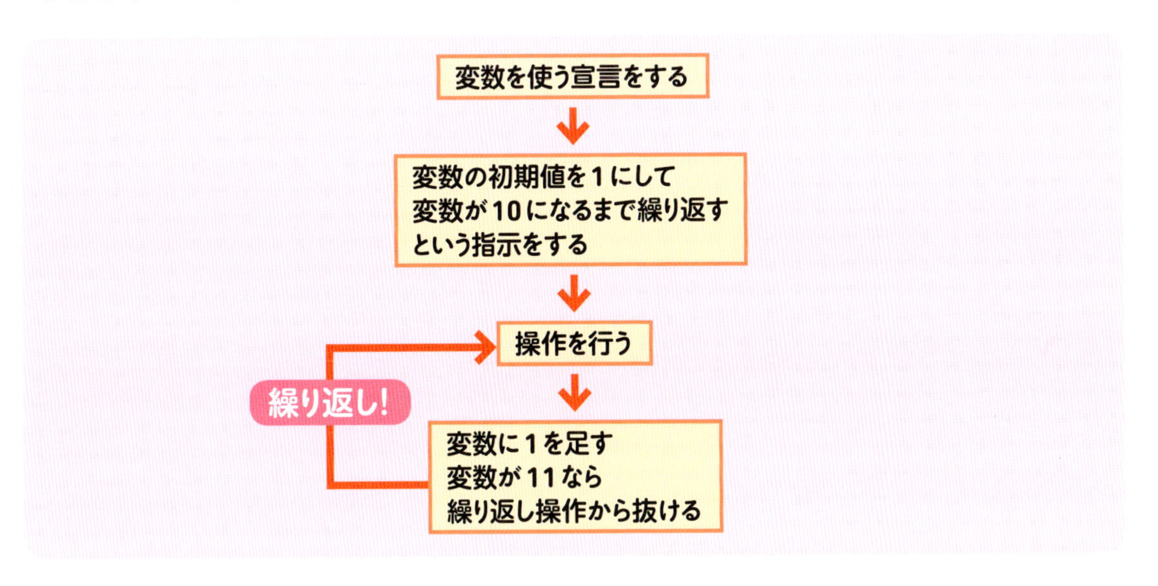

## 繰り返し操作の書き方の例とは？

同じ操作を繰り返す内容を書くには、次のような方法を使います。場合によって使い分けます。

### 1 指定回数だけ繰り返す（8-3）

決まった回数だけ操作を繰り返す方法です。

### 2 条件を判定しながら繰り返す（8-4）

繰り返し操作を行う前や後ろで指定した条件を判定します。条件を満たす場合は操作を繰り返し、満たさない場合は繰り返し操作から抜ける方法です。

### 3 シートやブックに対して繰り返す（8-5、8-6）

開いているブックや、ブック内のワークシートに対して同じ操作を繰り返します。指定したセル範囲に対して、同じ操作を繰り返すこともできます。

# 8-2 繰り返しのたびに扱うデータを変えるには

処理を繰り返すとき、繰り返すたびに少しずつデータを変えて、異なる処理にしたいことがあります。そんなとき便利なのが「変数」です。ここでは、変数の使い方について知りましょう。

## 図解 繰り返し処理と変数

変数とは、マクロの中で使うデータを保存しておく箱のようなものです。これまではオブジェクトのプロパティにデータを入れていましたが、変数を使うことで、オブジェクトの操作とは関係がない計算や処理を簡単に書くことができます。繰り返しの処理では、繰り返すたびに保存している数を増やしたり、操作対象のオブジェクトを順番に呼び出したりするときに、変数が活躍します。

データ

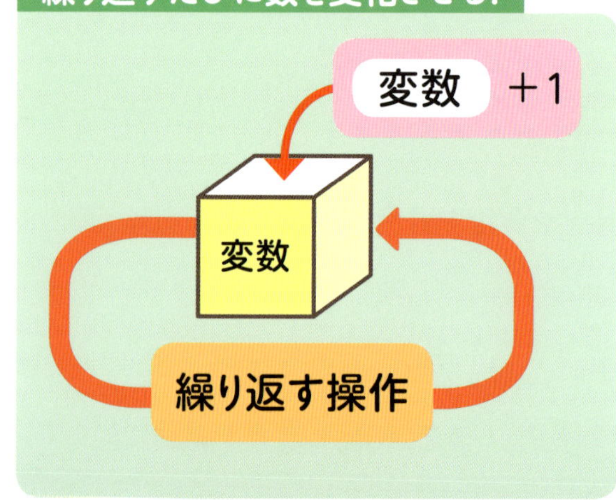


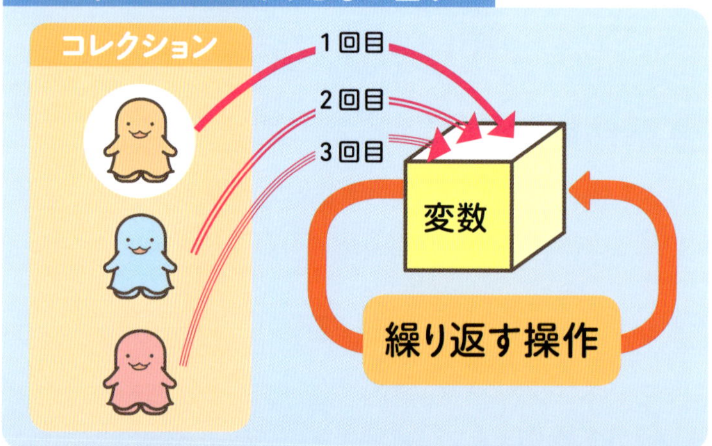

## 変数を使う前に宣言しよう

プロシージャの中で変数を使うときは、先頭で「○○というデータ型のデータを入れる、△△という変数名の変数を使います!」と宣言しましょう。宣言の書き方は、次の通りです。変数を使う宣言をすると、マクロの内容がわかりやすくなるだけでなく、無駄なメモリーの消費も防げます。

Dim 変数名 As データ型

## 変数のデータ型とは?

変数にどのようなデータを入れるのかを指定するために使われるのが、データ型です。次のようなものがあります。データ型の指定を省略した場合、Variant型が指定されたものとみなされます。

| データ型 | データの範囲 |
|---|---|
| ブール型 (Boolean) | TrueまたはFalseのデータ |
| バイト型 (Byte) | 0～255の整数 |
| 整数型 (Integer) | -32,768～32,767の整数 |
| 長整数型(Long) | -2,147,483,648 ～2,147,483,647の整数 |
| 単精度浮動小数点数型(Single) | (負の数) -3.402823E38 ～-1.401298E-45<br>(正の数) 1.401298E-45 ～3.402823E38 |
| 倍精度浮動小数点数型(Double) | (負の数) -1.79769313486231E308 ～-4.94065645841247E-324<br>(正の数) 4.94065645841247E-324 ～1.79769313486232E308 |
| 通貨型(Currency) | -922,337,203,685,477.5808 ～922,337,203,685,477.5807 |
| 日付型(Date) | 西暦100年1月1日～9999年12月31日の日付や時刻のデータ |
| 文字列型(String) | 文字のデータ |
| オブジェクト型(Object) | オブジェクトを参照するデータ (P.108) |
| バリアント型 (Variant) | すべてのデータ |

## オブジェクト変数とは?

オブジェクト変数は、ブックやワークシートなどのオブジェクトの参照情報を入れて利用する変数です。オブジェクト変数の主な使い方は、8-5、8-6で紹介します。また、オブジェクト変数に格納した情報によっては、その内容を保持したままでいると作業効率が落ちる場合があります。その場合は、オブジェクト変数を使ったあとに、参照情報を解放するとよいでしょう。
なお、プロシージャの中で宣言した変数は、プロシージャが終了すると自動的に破棄されます。

**変数の宣言方法**

```
Dim 変数名 As Workbook
Dim 変数名 As Worksheet
Dim 変数名 As Range
```

- Workbook型の変数を宣言する
- Worksheet型の変数を宣言する
- Range型の変数を宣言する

**変数にオブジェクトの参照情報を入れる**

```
Set 変数名 = 参照するオブジェクト
```

**変数の参照情報を解放する**

```
Set 変数名=Nothing
```

### Check! 変数の名前について

変数名は、一般的にアルファベットで付けることが多いです。しかし、慣れないうちは、変数名をアルファベットで書くと、VBAで指定するオブジェクトやプロパティ、メソッドに紛れてしまって、どれが変数なのか混乱してしまうこともあります。そのため、本書では、変数名をあえて日本語で書いています。
なお、変数名を付けるときは、次のルールに従います。

・英数字、漢字、ひらがな、カタカナの文字、「_」(アンダースコア)を使って指定する。スペースや多くの記号は使えない。
・変数名の先頭文字に数字は使えない。
・「Sub」や「End」など、すでにVBAで定義されているキーワードと同じ名前は付けられない。
・変数名の長さは、半角255文字以内にする。

# やってみよう! 変数の宣言を強制する

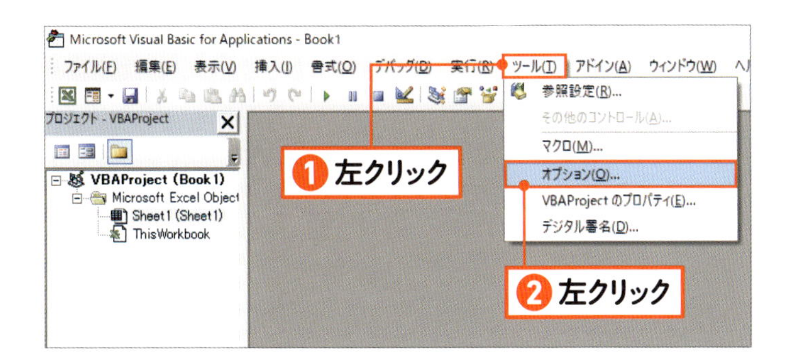

## 01 設定画面を開く

[ツール] メニューを左クリックし❶、[オプション] を左クリックします❷。

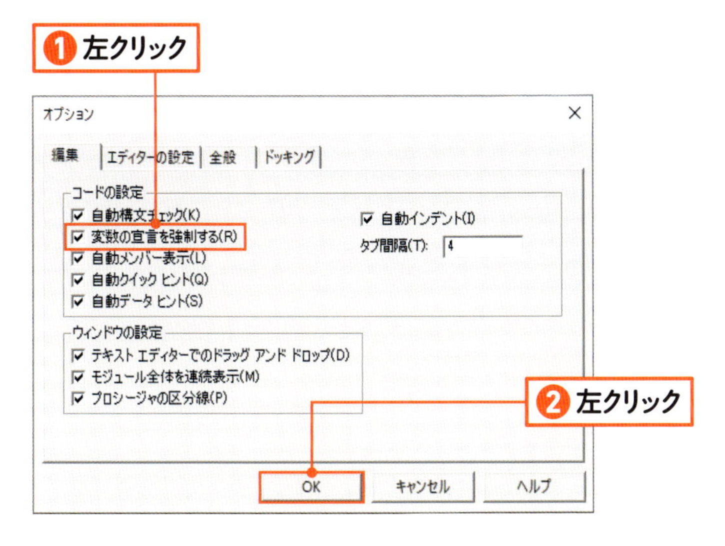

## 02 設定を変更する

[編集] タブを左クリックし、[変数の宣言を強制する] にチェックを付けます❶。[OK] を左クリックします❷。

## Check! 変数の宣言を強制するとは?

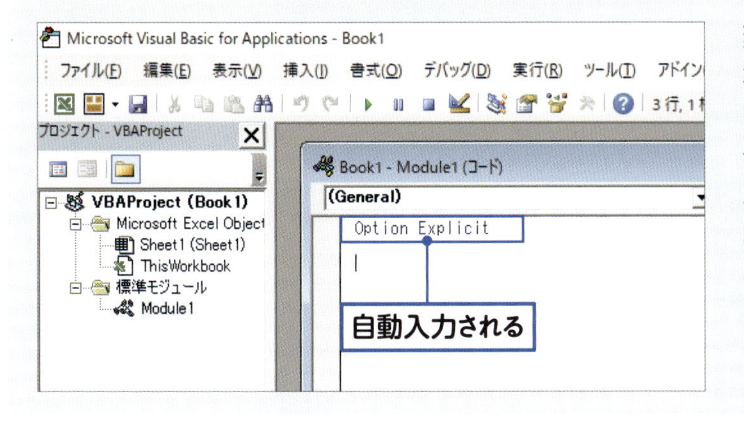


変数の宣言を強制する設定にすると、新しく標準モジュールを追加したとき、先頭に「Option Explicit」が表示されます。

モジュールの先頭に「Option Explicitステートメント」を書くと、宣言をしないと変数が使えないようになります。変数名を間違った場合などにもエラーが表示されるため、入力ミスにすぐに気づくことができます。

lesson.

# 8-3

# 1行おきに色を付ける操作を繰り返そう

表の5行目から10行目まで1行おきに色を付ける操作を繰り返します。ここでは、何回操作を繰り返しているかを管理するカウンタ変数を利用して書きます。

## 書き方 同じ操作を指定した回数繰り返すには?

指定した回数だけ操作を繰り返すときは、「For...Nextステートメント」を使って処理を書きます。このとき、繰り返す回数を管理するために「カウンタ変数」を用意します。変数（カウンタ変数）を宣言し、変数の最初の数と、変数がいくつになるまで繰り返すか最後の数を指定します。最後のNextで変数に1が追加されます。数を2つずつや3つずつなどに増減させるには、加算値にその数を指定します。

### 同じ操作を指定回数繰り返すときの書き方

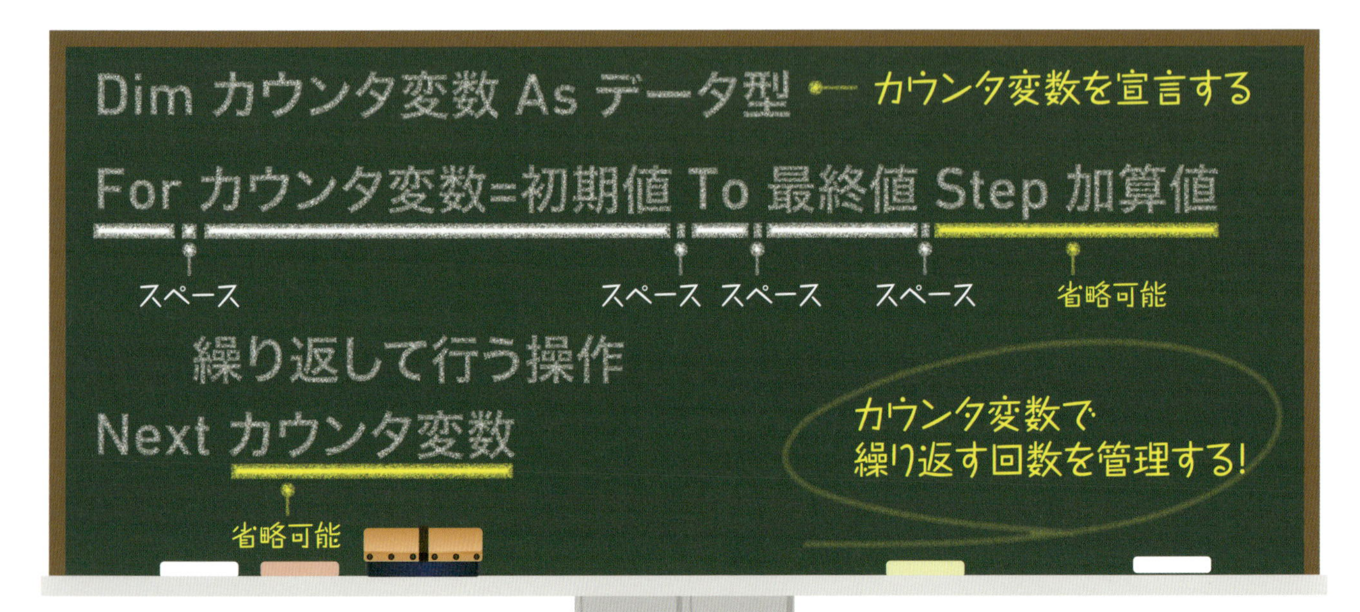

# やってみよう! 5行目から順に1行おきに10行目まで色を付ける操作を繰り返す

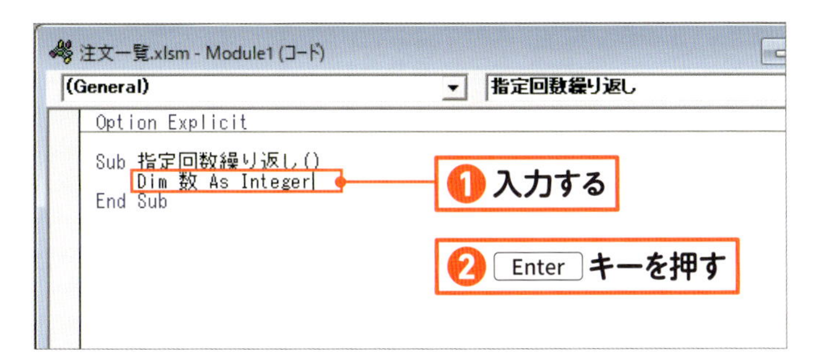

## 01 カウンタ変数を宣言する

カウンタ変数（ここでは、変数名「数」）を宣言して❶、Enter キーを押します❷。

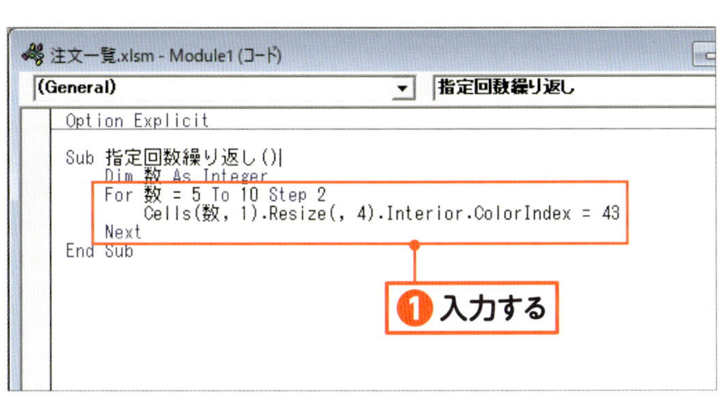

## 02 繰り返す操作を書く

5行目から10行目まで1行おきに行う操作（ここでは、「変数（数）行目のA列のセルを基準に右方向に4つ分拡張したセル範囲に色を付ける」）を書きます❶。

| | A | B | C | D |
|---|---|---|---|---|
| 1 | 注文一覧 | | | |
| 2 | | | | |
| 3 | 番号 | 商品名 | 数量 | 部署 |
| 4 | 1 | 商品カタログ | 50 | 販売部 |
| 5 | 2 | 商品ポスター | 50 | 販売部 |
| 6 | 1 | 商品カタログ | 10 | 営業部 |
| 7 | 3 | 卓上カレンダー | 10 | 営業部 |
| 8 | 1 | 商品カタログ | 30 | 企画部 |
| 9 | 2 | 商品ポスター | 20 | 企画部 |
| 10 | 3 | 卓上カレンダー | 40 | 企画部 |

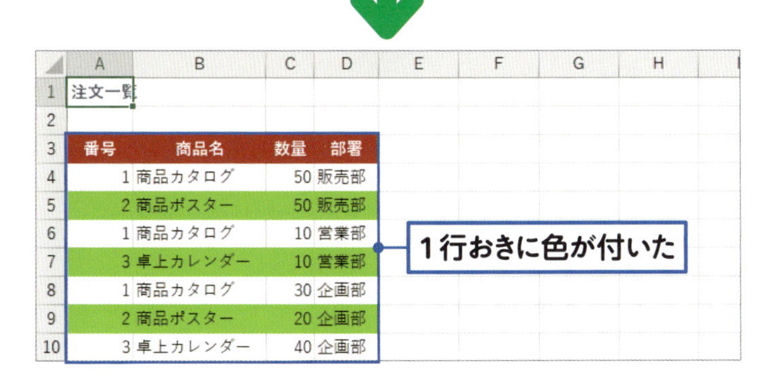

| | A | B | C | D |
|---|---|---|---|---|
| 1 | 注文一覧 | | | |
| 2 | | | | |
| 3 | 番号 | 商品名 | 数量 | 部署 |
| 4 | 1 | 商品カタログ | 50 | 販売部 |
| 5 | 2 | 商品ポスター | 50 | 販売部 |
| 6 | 1 | 商品カタログ | 10 | 営業部 |
| 7 | 3 | 卓上カレンダー | 10 | 営業部 |
| 8 | 1 | 商品カタログ | 30 | 企画部 |
| 9 | 2 | 商品ポスター | 20 | 企画部 |
| 10 | 3 | 卓上カレンダー | 40 | 企画部 |



## 03 実行結果

P.35の方法でマクロを実行します。5行目から10行目までに1行おきに色が付きます。

**memo**

ここでは、変数の初期値「5」、最終値「10」、加算値「2」としたため、変数は「5、7、9・・・」の順に増えます。変数が「11」のときは、最終値を超えるため操作は行われません。マクロを実行するとあっという間に操作が終わります。変数の動きを確認するには、マクロをステップごとに実行します（P.115）。

# 8-4

# 表の大きさに合わせて1行おきに色を付けよう

表の5行目からデータが入っている間は1行おきに色を付ける操作を繰り返します。ここでは、繰り返し操作の前やあとで指定した条件を判定しながら、操作を行います。

## 書き方 指定した条件を満たすまで同じ操作を繰り返すには？

繰り返す回数が決まっていない処理では、「Do Until...Loopステートメント」を使って処理を書くことができます。操作を行う前に条件式を判定し、その条件を満たすまで、操作を繰り返します。

この方法では、条件を満たさないと、永久に処理が繰り返されます。このような状態を「無限ループ」と呼び、マクロがいつまでたっても終わらなくなってしまいます。必ずいつかは条件を満たすように、操作の内容を記述しましょう。

### 最初に条件を判定し、条件を満たすまで操作を繰り返すときの書き方

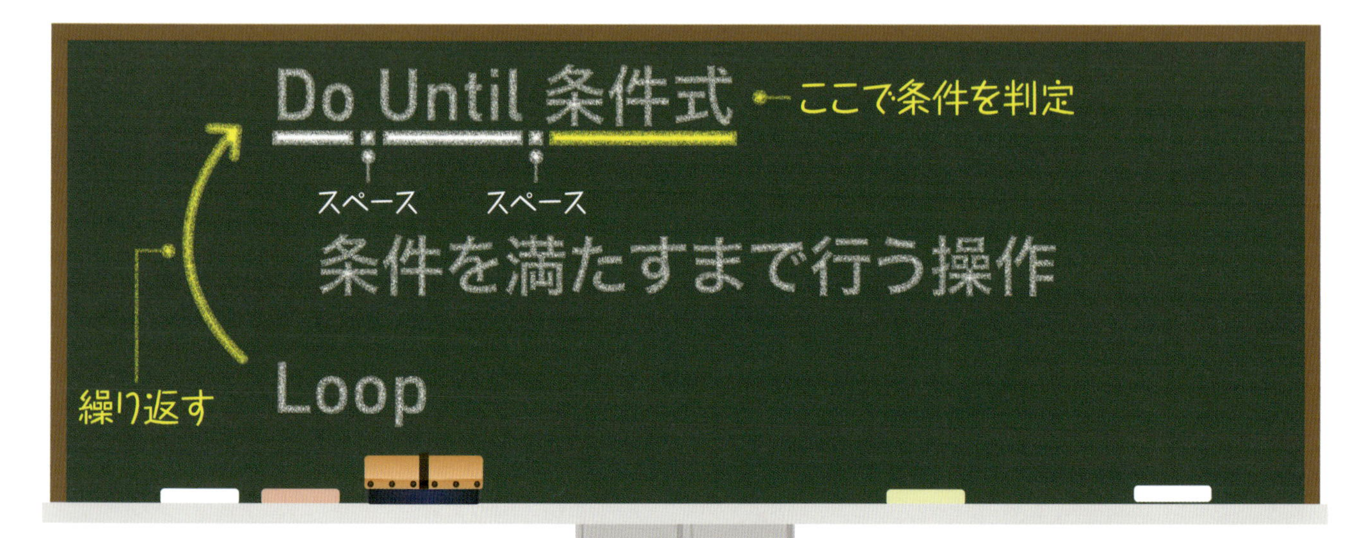

# やってみよう! データが空になるまで1行おきに色を付ける操作を繰り返す

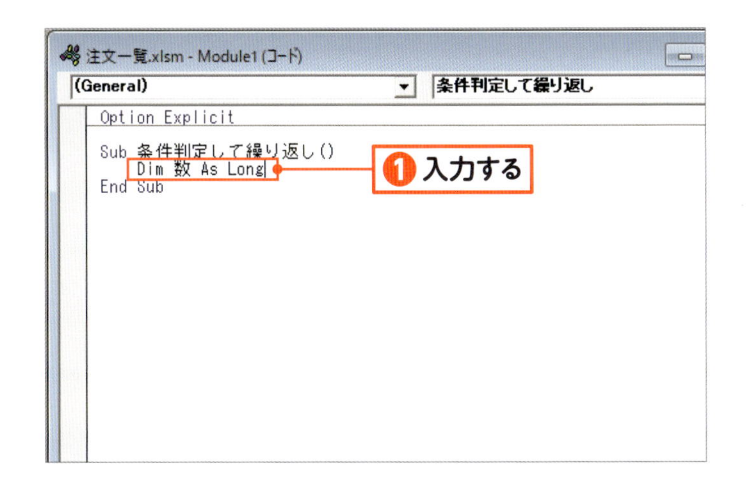

## 01 カウンタ変数を宣言する

カウンタ変数（ここでは変数名「数」）を宣言して改行します❶。

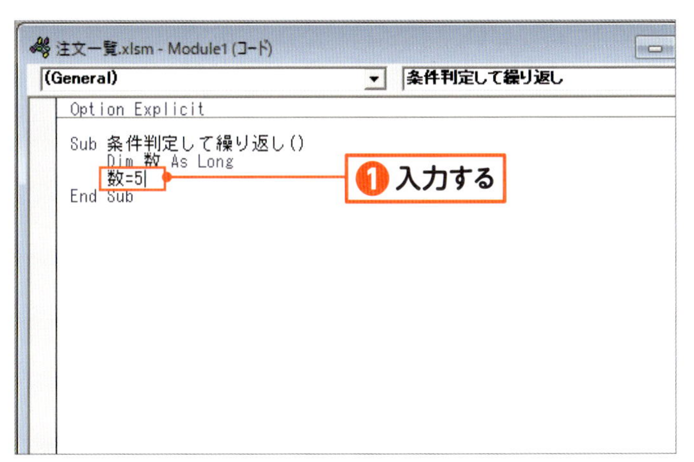

## 02 変数にデータを入れる

変数にデータ（ここでは「5」）を入れて改行します❶。

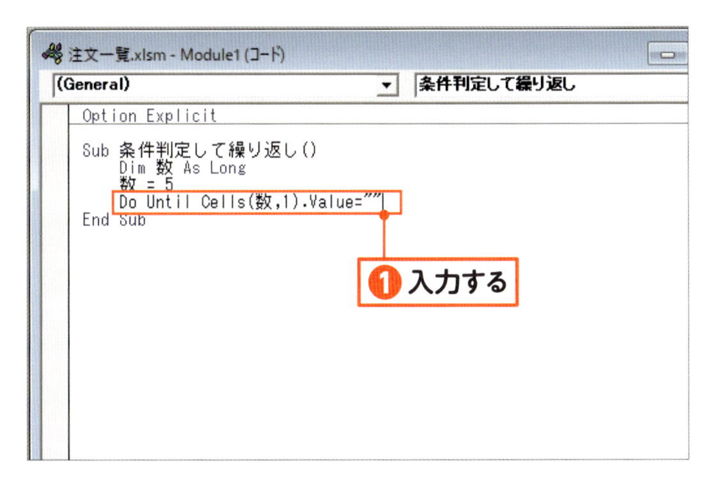

## 03 繰り返しの条件を指定する

繰り返し操作を行う条件（ここでは、「セルが空欄になるまで」）を指定します❶。

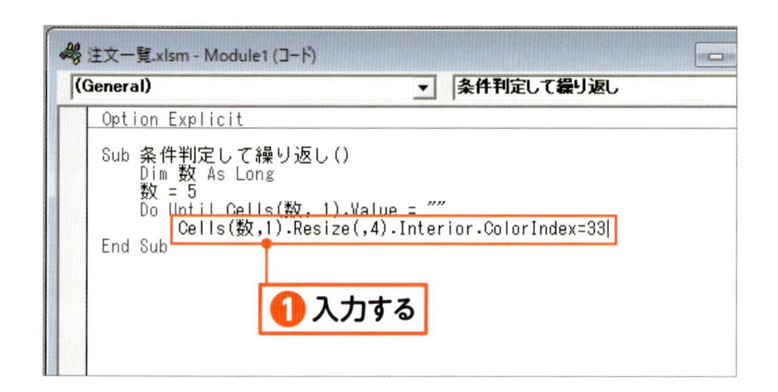


## 04 繰り返し操作を書く

繰り返し操作の内容（ここでは、「変数（数）行目のA列のセルを基準に右方向に4つ分拡張したセル範囲に色を付ける」）を書きます❶。

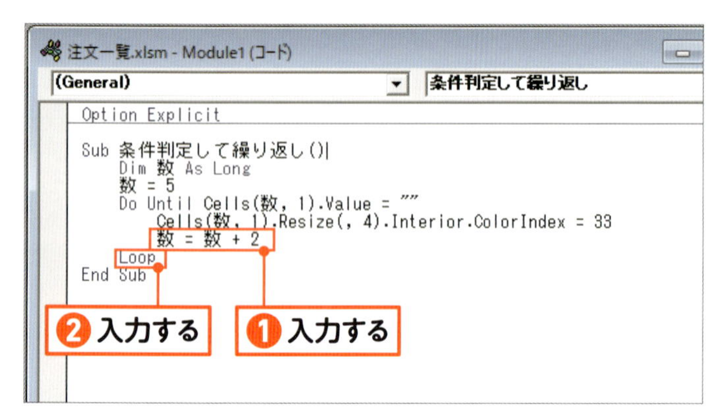


## 05 変数にデータを入れる

1行おきに色を指定するため、変数に2を足して、変数に入れます❶。改行して「Loop」を入力します❷。

| | A | B | C | D |
|---|---|---|---|---|
| 1 | 注文一覧 | | | |
| 2 | | | | |
| 3 | 番号 | 商品名 | 数量 | 部署 |
| 4 | 1 | 商品カタログ | 50 | 販売部 |
| 5 | 2 | 商品ポスター | 50 | 販売部 |
| 6 | 1 | 商品カタログ | 10 | 営業部 |
| 7 | 3 | 卓上カレンダー | 10 | 営業部 |
| 8 | 1 | 商品カタログ | 30 | 企画部 |
| 9 | 2 | 商品ポスター | 20 | 企画部 |
| 10 | 3 | 卓上カレンダー | 40 | 企画部 |
| 11 | | | | |

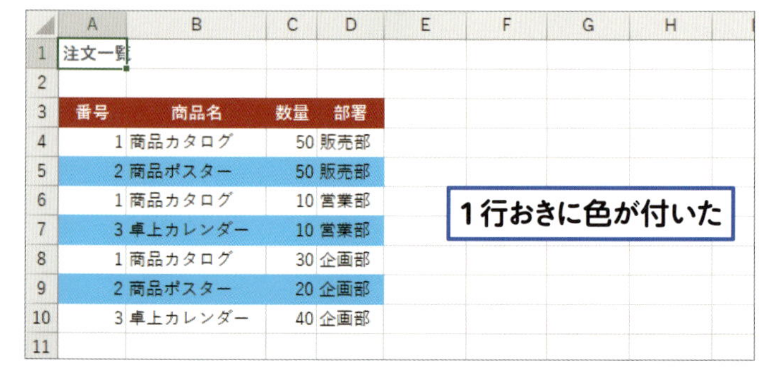

| | A | B | C | D |
|---|---|---|---|---|
| 1 | 注文一覧 | | | |
| 2 | | | | |
| 3 | 番号 | 商品名 | 数量 | 部署 |
| 4 | 1 | 商品カタログ | 50 | 販売部 |
| 5 | 2 | 商品ポスター | 50 | 販売部 |
| 6 | 1 | 商品カタログ | 10 | 営業部 |
| 7 | 3 | 卓上カレンダー | 10 | 営業部 |
| 8 | 1 | 商品カタログ | 30 | 企画部 |
| 9 | 2 | 商品ポスター | 20 | 企画部 |
| 10 | 3 | 卓上カレンダー | 40 | 企画部 |
| 11 | | | | |



## 06 実行結果

P.35の方法でマクロを実行します。セルが空欄になるまで、1行おきに色が付きます。

**memo**

ここでは、変数に最初に「5」を設定して、繰り返し操作のあとに「2」を足しているため、変数は「5、7、9・・・」の順に増えます。変数が「11」のときは、A11セルにデータが入っていないため、繰り返し操作が終了します。

**memo**

マクロを実行したとき、いつまでも終了しない状態になってしまった場合は、Esc キーを押して中断します。

## その他の書き方

条件を判定しながら繰り返し操作を行う書き方には、次のような方法があります。繰り返し前に条件判定をする場合は、１度も繰り返し操作が行われないこともあります。

| | 繰り返し操作の前に条件判定 | 繰り返し操作のあとで条件判定 |
|---|---|---|
| 条件を満たすまで繰り返す | Do Until...Loop | Do...Loop Until |
| 条件を満たす間は繰り返す | Do While...Loop | Do...Loop While |

**Do While...Loopステートメント**

```
Do While 条件式
        条件を満たす間は行う内容
Loop
```

**Do...Loop Untilステートメント**

```
Do
        条件を満たすまで行う内容
Loop Until 条件式
```

**Do...Loop Whileステートメント**

```
Do
        条件を満たす間は行う内容
Loop While 条件式
```

### Check! ステップごとに実行する

繰り返し操作を実行するとき、マクロを上から順に１行ずつ実行しながら実行内容を確認するには、マクロ内を左クリックして F8 キーを押します。 F8 キーを押すごとに１ステップごとに実行されます。このとき、変数名にポインターを合わせると、変数のデータを確認できます。ここでは、変数（数）が「5」「7」「9」・・・の順に増える様子がわかります。

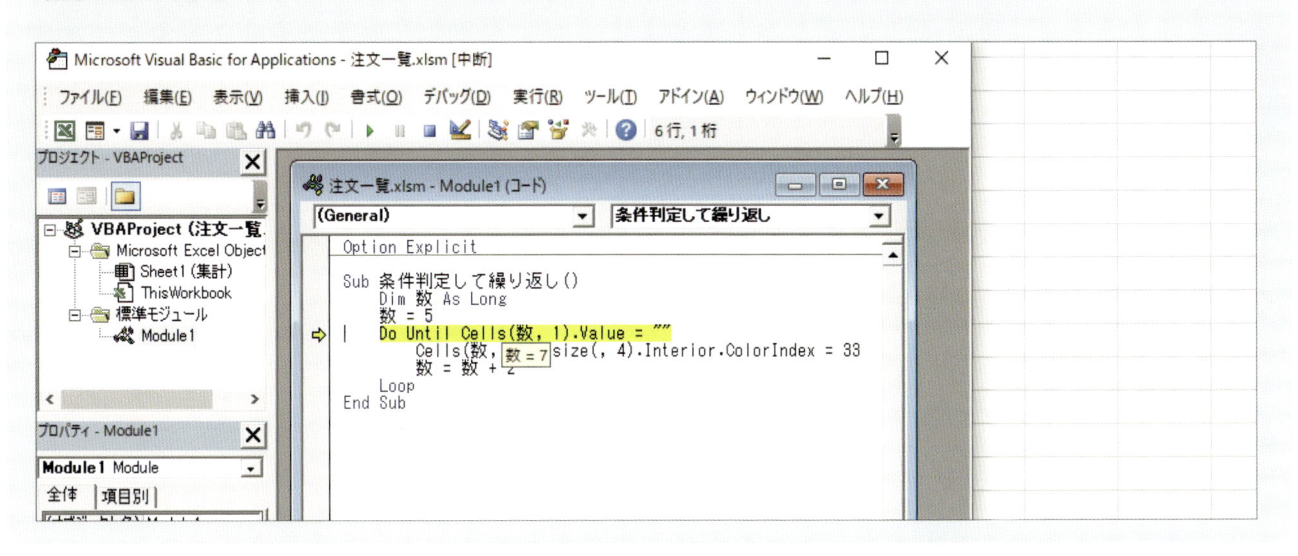

lesson.

# 8-5 すべてのブックに同じ操作を行おう

開いているすべてのブックに同じ操作を行う方法を紹介します。ここでは、ブックの左端のシートを、指定したブックにコピーします。

## 図解 すべてのブックに同じ操作を繰り返すには?

開いているすべてのブック（Workbooksコレクション）に対して同じ操作を行うには、「For Each...Nextステートメント」を使って処理を書きます。
まずは、Workbook型の変数を宣言します。次に、Workbooksコレクション（P.80）の各オブジェクトに対して順番に操作を行う、という内容を指定します。「For Each 変数名 In Workbooks」と「Next」の間に、繰り返す操作を書きます。

### すべてのブックに対して同じ操作をするときの書き方

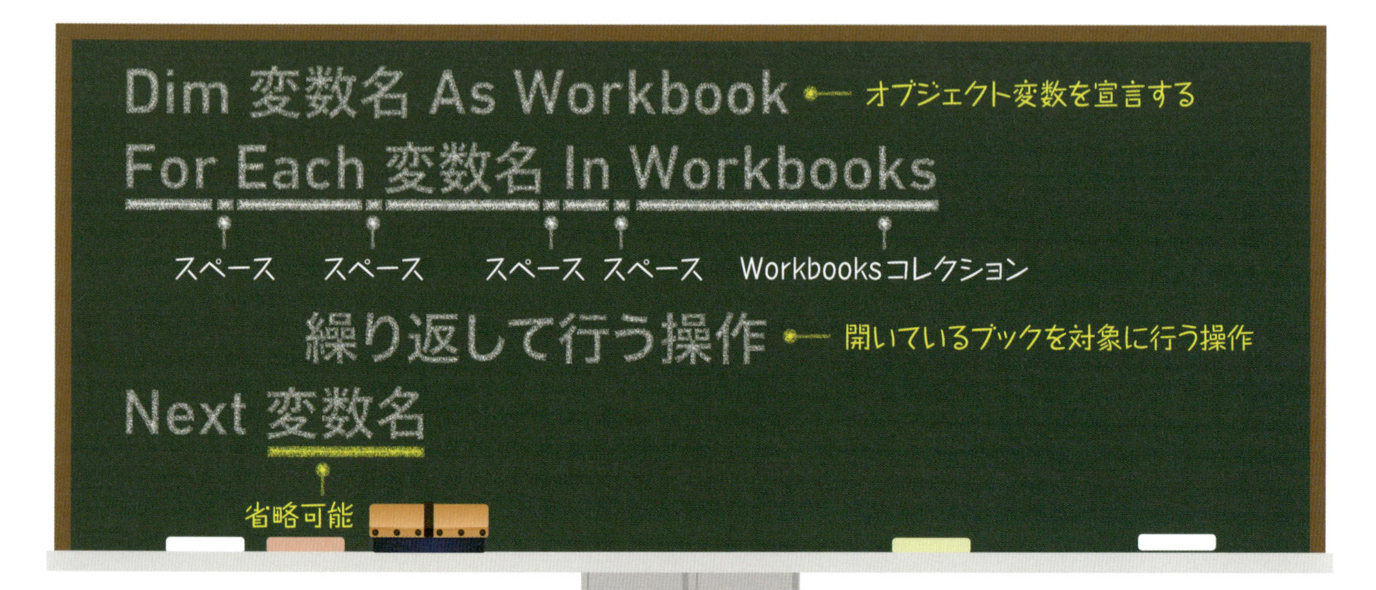

# やってみよう! 他のブックのシートをコピーする

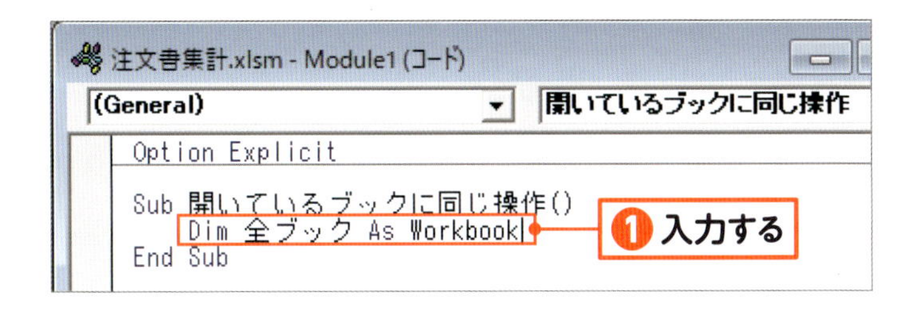

## 01 変数を宣言する

1つずつ順に操作するブックを表す変数を宣言します❶。

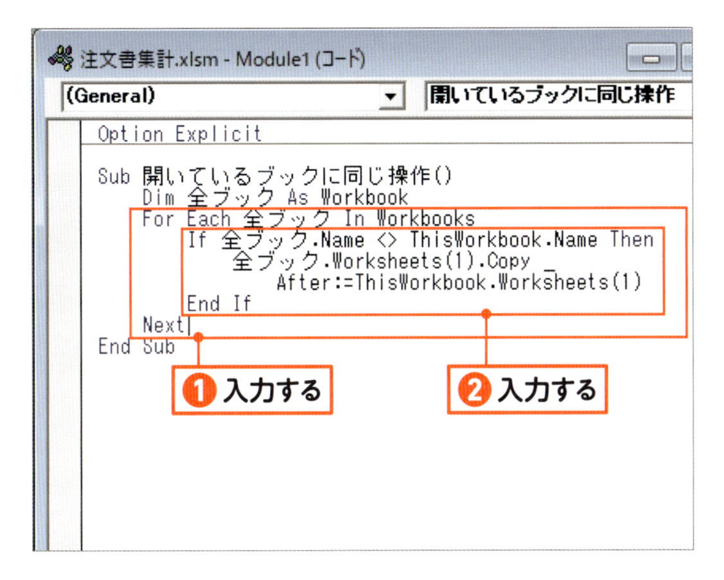


## 02 全ブックに対して繰り返す

For Each...Nextステートメントを入力します❶。繰り返す操作（ここでは、「対象のブック名がこのマクロが書かれているブック名と異なる場合、左端のシートをこのマクロが書かれているブックの左端のシートのあとにコピーする」）を書きます❷。

**memo**

ApplicationオブジェクトのThisWorkbookプロパティを使うと、現在実行しているマクロが書かれているブックを参照できます。

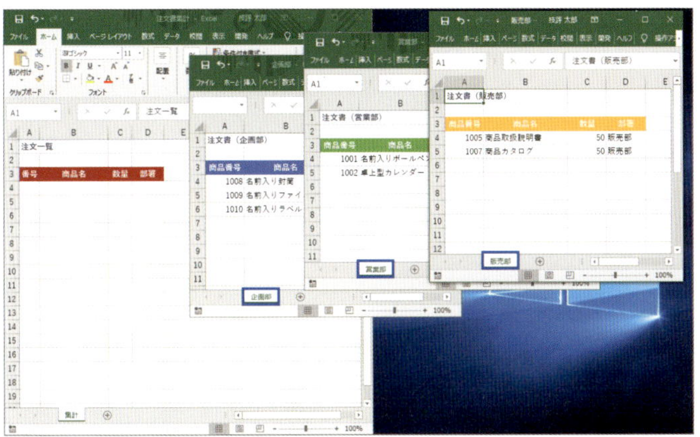

開いている各ブックの左端のシートがコピーされた

## 03 実行結果

P.35の方法でマクロを実行します。開いているブックの左端のシートが、このマクロが書かれているブックにコピーされます。

練習ファイル：08-06a　完成ファイル：08-06b

lesson.

# 8-6 すべてのシートに同じ操作を行おう

すべてのシートに対して同じ操作を繰り返して行います。ここでは、「集計」シート以外のシートにある表を、「集計」シートにまとめる操作を行います。

## 書き方 すべてのワークシートに同じ操作を繰り返すには?

ブック内のすべてのワークシート（Worksheetsコレクション）に対して同じ操作を行うには、「For Each...Nextステートメント」を使って処理を書きます。
まずは、Worksheet型の変数を宣言します。次に、Worksheetsコレクション（P.81）の各オブジェクトに対して順番に操作を行う、という内容を指定します。「For Each 変数名 In Worksheets」と「Next」の間に、繰り返す内容を書きます。

### すべてのシートに対して同じ操作をするときの書き方

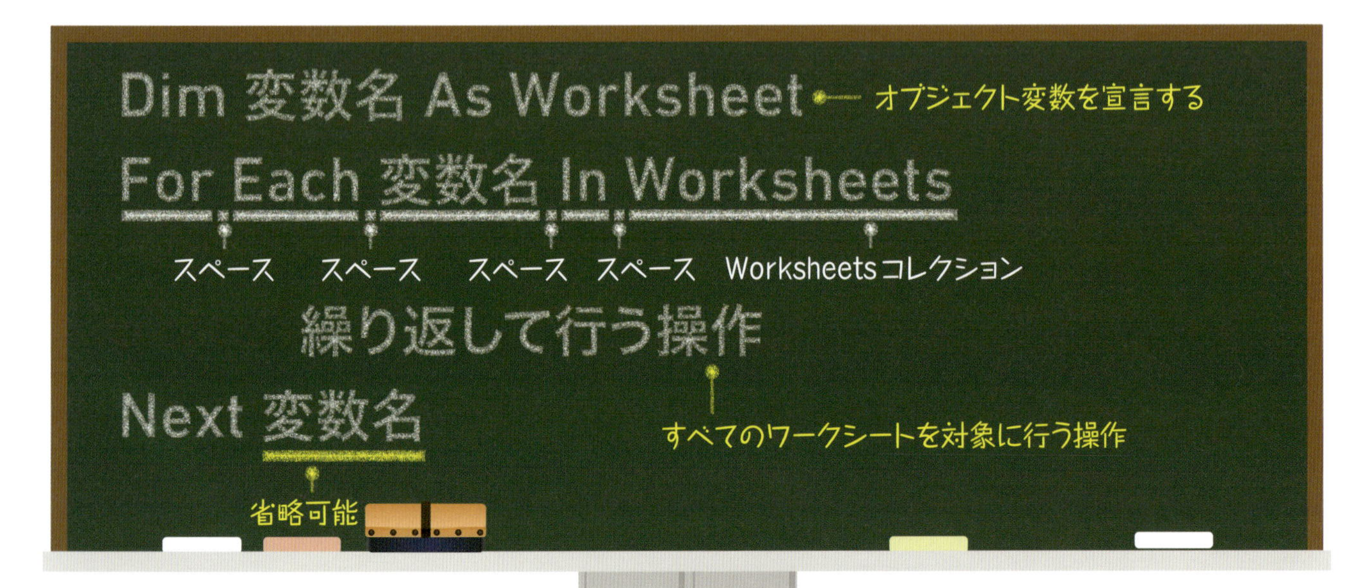

## やってみよう! 「集計」シート以外のシートを対象に表をコピーする操作を繰り返す

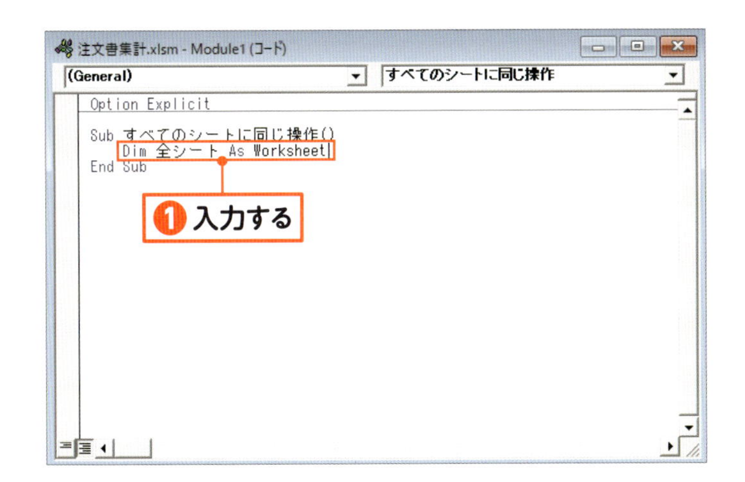

### 01 変数を宣言する

1つずつ順に操作するシートを表す変数を宣言します❶。

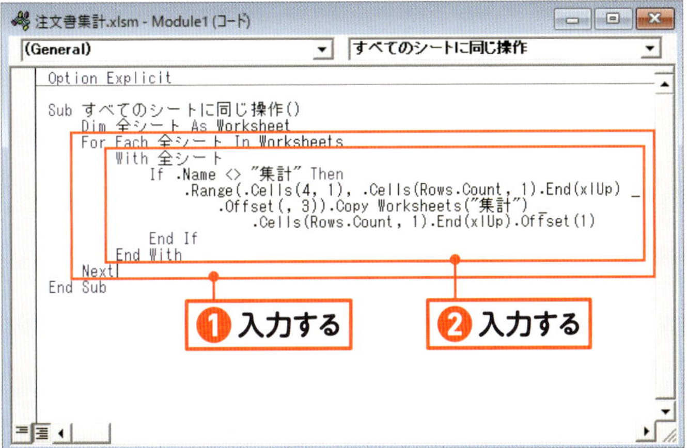


### 02 全シートに対して繰り返す

For Each...Nextステートメントを入力します❶。すべてのシートに対して繰り返して行う内容（次ページ参照）を書きます❷。ここでは、Withステートメント（P.71）を使って、変数（全シート）に関する操作をまとめて書いています。

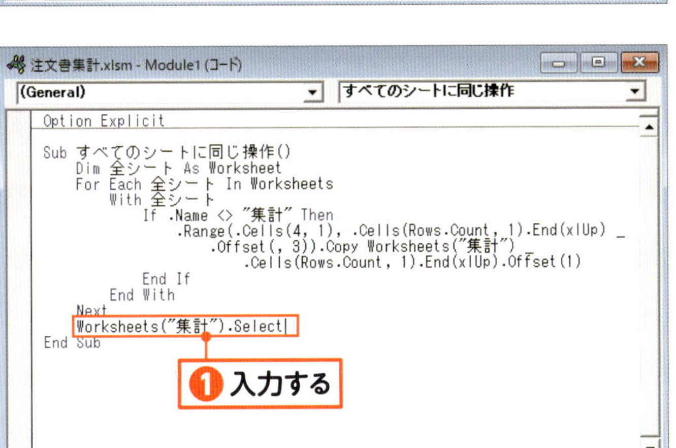


### 03 シートを選択する

繰り返し操作が終わったら、「集計」シートを選択する操作を書きます❶。

## Check! ここで繰り返す操作について

ここで紹介している例で繰り返す操作は、「集計」シート以外のシートの表のデータを「集計」シートに貼り付ける操作です。ポイントは、表のデータ件数が異なる場合でも、すべてのデータを貼り付けることです。それには、Endプロパティ（P.70）を使って最終行を参照します。また、コピーしたデータを「集計」シートに貼り付けるときは、Endプロパティで最終行を参照し、Offsetプロパティ（P.70）で、その1つ下のセルを指定します。

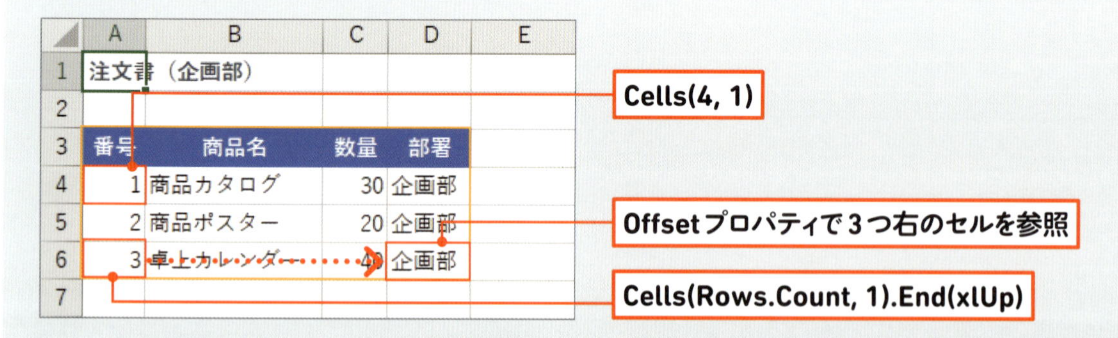


なお、Withステートメント（P.71）の中で変数（全シート）についての内容を書くときは、オブジェクトの指定の省略を示す「.」（ピリオド）を忘れず入力します。特に、6行目の「Cells」（2か所）の前の「.」（ピリオド）を忘れると、アクティブシートが対象になり正しく動作しないので注意します。

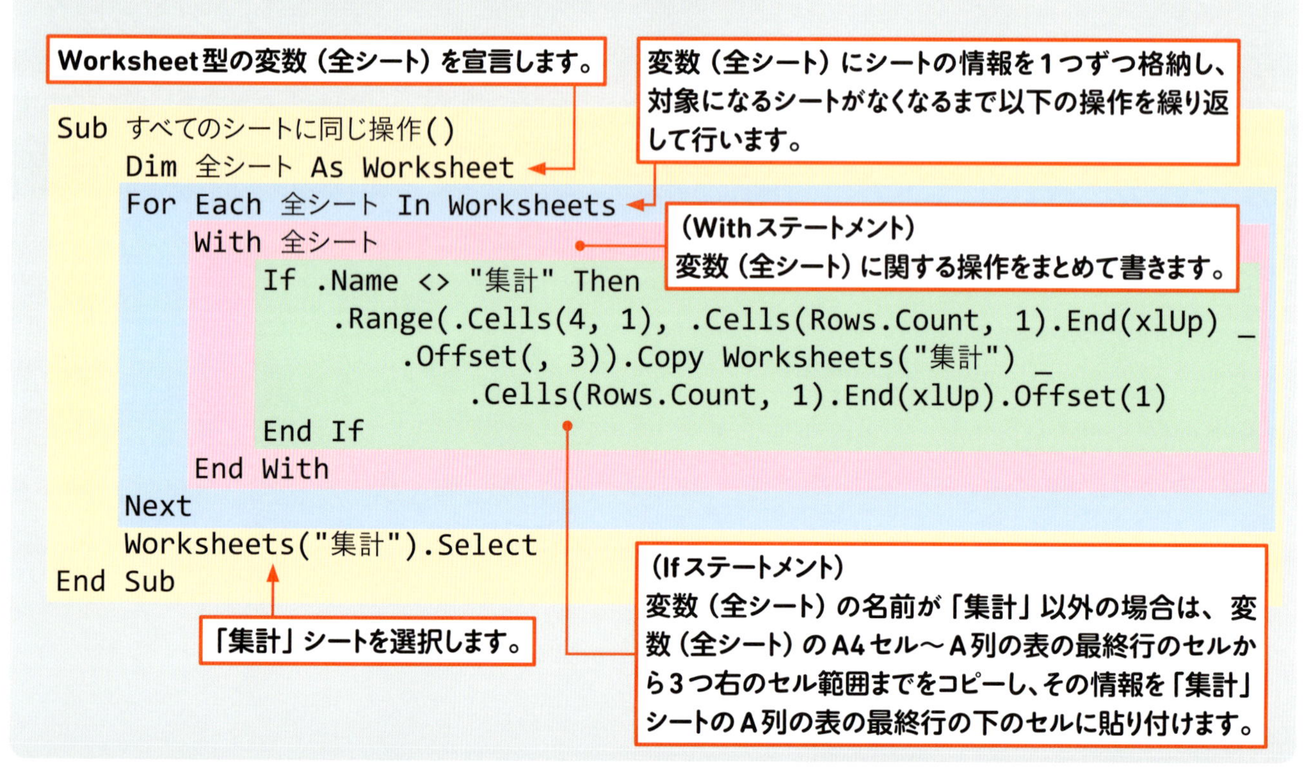


```
Sub すべてのシートに同じ操作()
    Dim 全シート As Worksheet
    For Each 全シート In Worksheets
        With 全シート
            If .Name <> "集計" Then
                .Range(.Cells(4, 1), .Cells(Rows.Count, 1).End(xlUp) _
                    .Offset(, 3)).Copy Worksheets("集計") _
                        .Cells(Rows.Count, 1).End(xlUp).Offset(1)
            End If
        End With
    Next
    Worksheets("集計").Select
End Sub
```

## 04 実行結果

P.35の方法でマクロを実行します。「集計」シート以外のシートに対して、A4セルからはじまる表のデータ部分を、「集計」シートの表の末尾にコピーする操作を繰り返します。

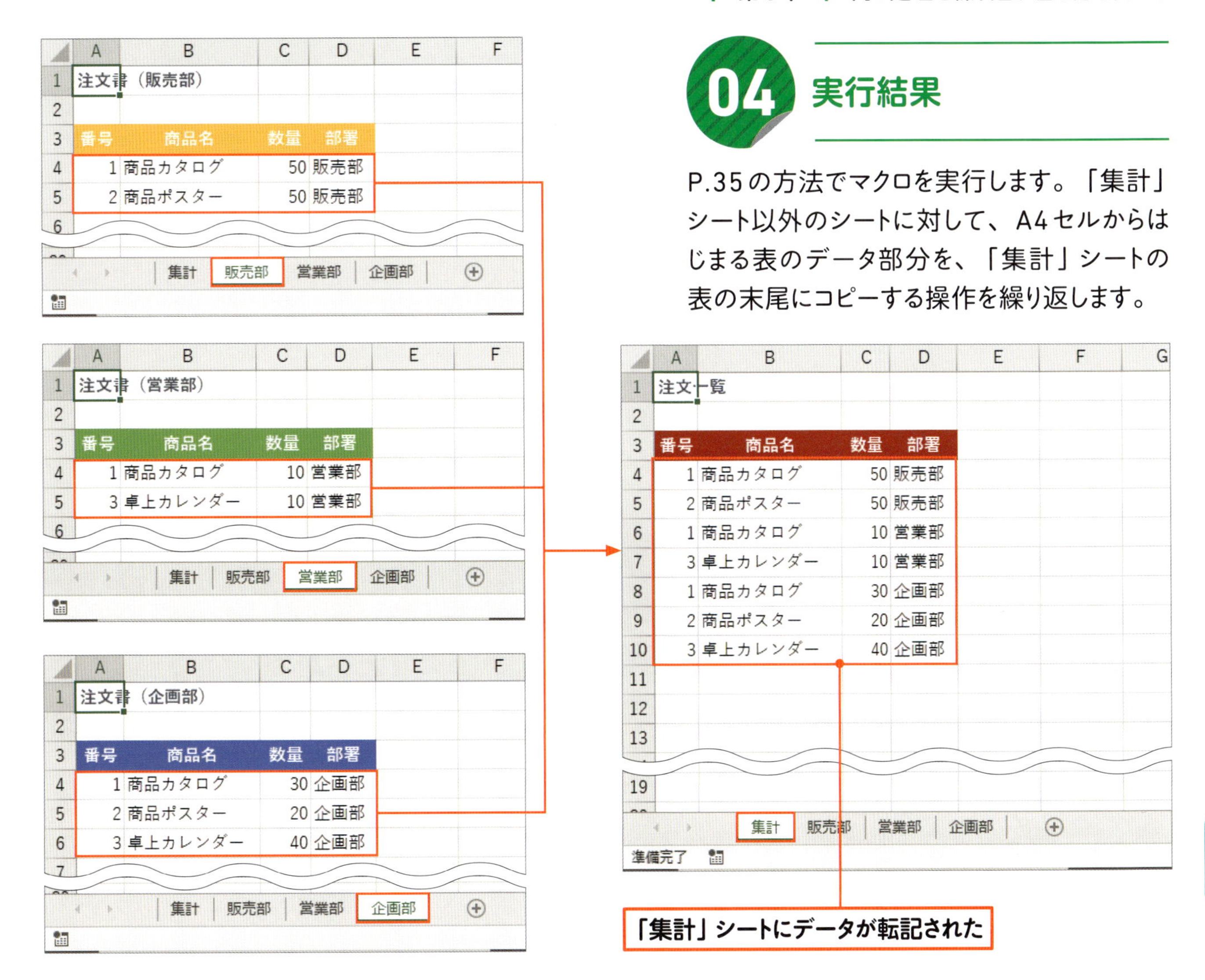


### Check! セル範囲に対して繰り返す

指定したセル範囲内の1つ1つのセルに対して同じ操作を繰り返して行うこともできます。この場合、Range型の変数を宣言し、次のように書きます。

```
Dim 変数名 As Range
For Each 変数名 In セル範囲
    繰り返して行う操作
Next
```

# 第8章　練習問題

## 1

繰り返し操作とは何ですか？

1. 条件を指定し、条件を満たす場合とそうでない場合とで行う操作を分けること
2. 同じ操作を繰り返して行うこと
3. 指定したタイミングでマクロを実行すること

## 2

同じ種類のオブジェクトに対して操作を繰り返すときは、どのようなステートメントを使う方法がありますか？

1. If...Then...Elseステートメント
2. For Each...Nextステートメント
3. Withステートメント

## 3

変数とは何ですか？

1. プログラムの中で使うデータを入れておく箱のようなもの
2. プログラムのメモ書きのようなもの
3. 文字列のこと

Chapter

# フォームを作成しよう

この章では、表にデータを入力するフォームを作ります。フォームには、文字を入力したり、一覧から項目を左クリックして選択したりする部品やボタンなどを配置できます。それらの部品やボタンを操作してもらうことで、ユーザーからさまざまな指示を受けられます。

# 9-1 フォームでできること

フォームを作るには、ブックにフォームを追加して、さまざまな部品を配置します。続いて、フォームの内容を書く場所を表示して、フォームや部品の動きを指示するマクロを書きます。ここでは、フォームを作る手順をイメージしましょう。

## 理解しよう! フォームとは?

ブックには、フォーム（ユーザーフォーム）を追加できます。フォームを利用すると、マクロの実行中、ユーザーに文字を入力してもらったり項目を選択してもらったりして、その内容に応じた操作を行えます。

### フォームの作成中のVBEの画面

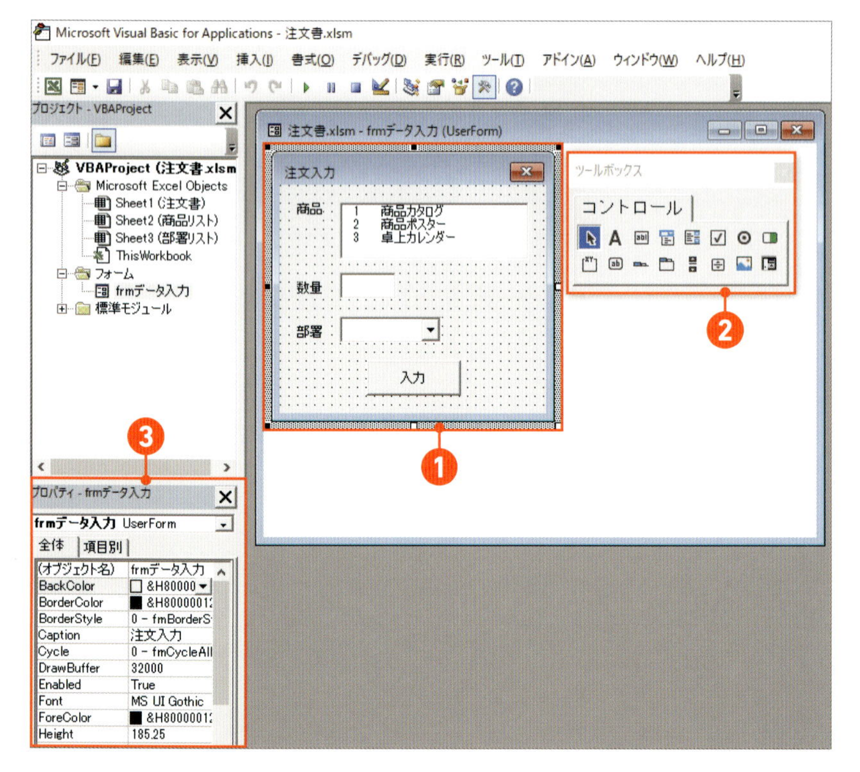


**❶ コントロール**

フォームに配置するさまざまな部品です。文字を入力するテキストボックスや、操作を実行するボタンなどがあります。コントロールには、名前（オブジェクト名）を付けられます。マクロを使ってフォームやコントロールの動作を指定するときは、その名前を使います。

**❷ ツールボックス**

コントロールを追加するときに使います。

**❸ ［プロパティ］ウィンドウ**

フォームや、コントロールのプロパティを指定します。

## フォーム実行中のExcelの画面

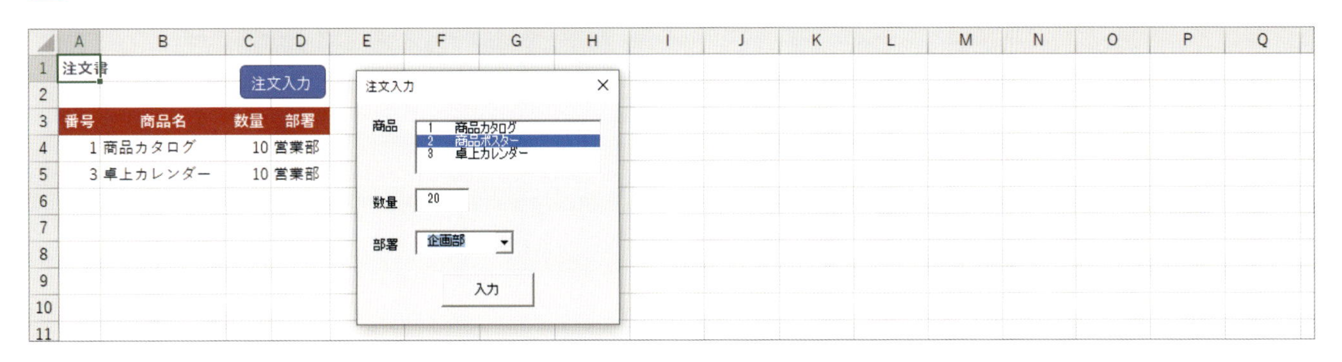

## 理解しよう! フォームやコントロールを操作するには?

フォームやコントロールには、さまざまなプロパティが用意されています。プロパティを使ってコントロールの詳細を指定できます。
フォームの動作をマクロで書くときは、フォームやコントロールに用意されているイベント（P.22）を指定し、「コントロールが左クリックされたとき」などのタイミングで、操作が自動的に行われるしくみを使います。たとえば、「入力」ボタンが左クリックされたタイミングで、コントロールで選択されている内容をセルに入力したり、「コピー」ボタンが左クリックされたタイミングで、コントロールで選択されているシートを新しいブックにコピーするなど、さまざまなことができます。

## 理解しよう! フォームの作成手順

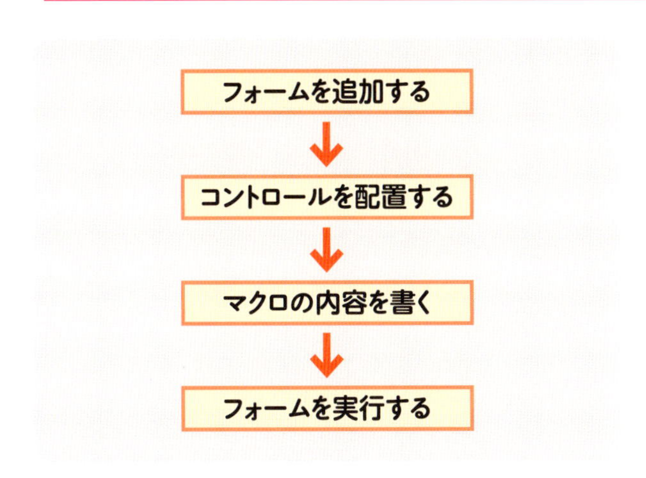


フォームを作るには、ユーザーフォームというモジュールを追加します。続いて、コントロールを追加します。さらに、ボタンを左クリックしたときの動作などを指定します。最後に、フォームを実行して動作を確認します。

練習ファイル：09-02a　完成ファイル：09-02b

lesson. 9-2

# フォームを作る準備をしよう

ブックにフォームを追加します。フォームが表示されたら、フォームの大きさや名前、タイトルバーの表示内容などを指定します。

## やってみよう！ フォームを追加する

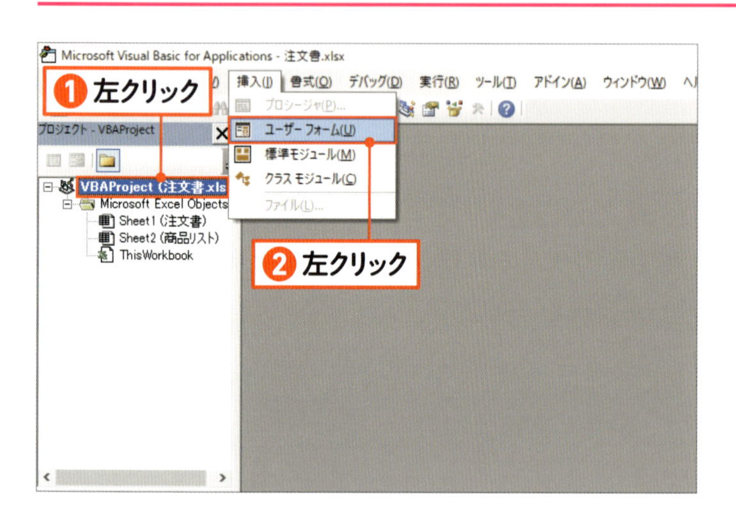

### 01 フォームを追加する

フォームを追加するプロジェクトを左クリックします❶。［挿入］メニューの［ユーザーフォーム］を左クリックします❷。

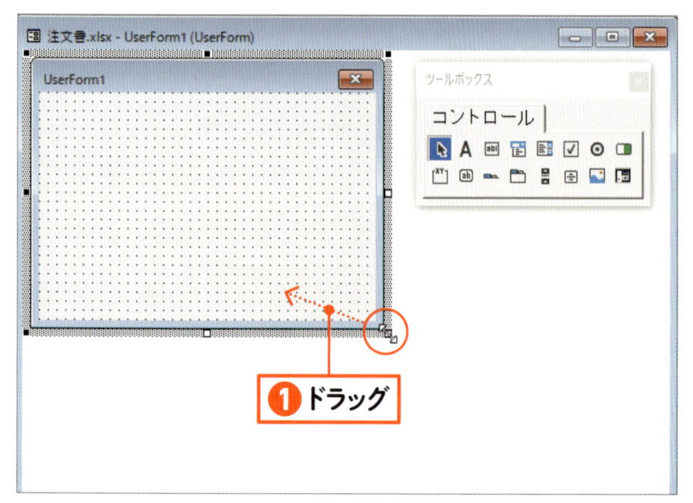

### 02 フォームの大きさを調整する

フォームが追加されます。フォームの右下隅のハンドルをドラッグして❶、フォームの大きさを調整します。

**memo**

フォームを追加したブックを保存するには、マクロ有効ブックとして保存します（P.40）。

## やってみよう! フォームの名前やタイトルバーの表示文字を指定する

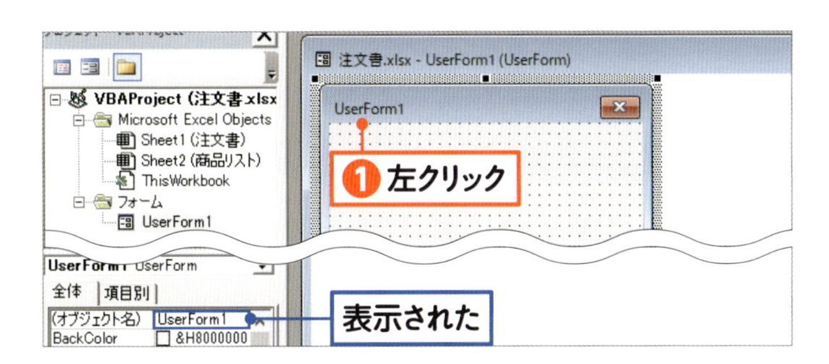


### 01 フォームを選択する

フォームを左クリックします❶。［（オブジェクト名）］に、選択しているものの名前が表示されます。

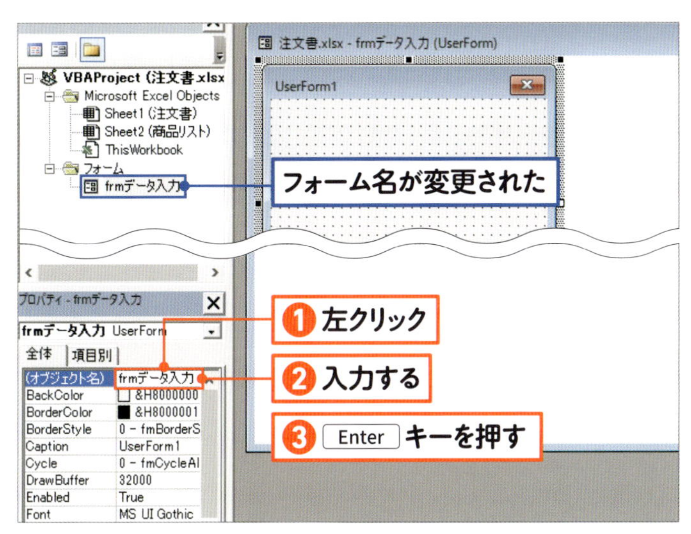


### 02 フォーム名を指定する

［プロパティ］ウィンドウの［（オブジェクト名）］の横を左クリックし❶、フォームの名前（ここでは「frmデータ入力」）を入力して❷、Enter キーを押します❸。

> **memo**
> フォームを表示するマクロを作る場合などは、フォームの名前を指定します。

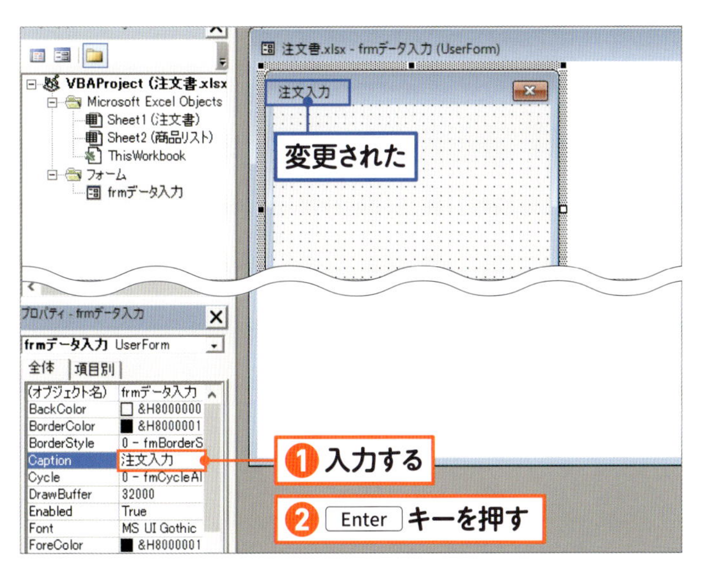


### 03 タイトルバーの文字を指定する

［プロパティ］ウィンドウの［Caption］プロパティに、タイトルバーに表示する文字（ここでは「注文入力」）を入力し❶、Enter キーを押します❷。文字が変更されます。

> **memo**
> フォームのウィンドウを閉じたあとで、再びフォームを開くには、プロジェクトエクスプローラーからフォームの名前をダブルクリックします。

 ：09-03a  ：09-03b

# lesson. 9-3 文字を表示しよう

フォームにコントロールという部品を配置します。コントロールにはさまざまな種類があります。ここでは、文字を表示するラベルを追加します。

## やってみよう! ラベルを追加する

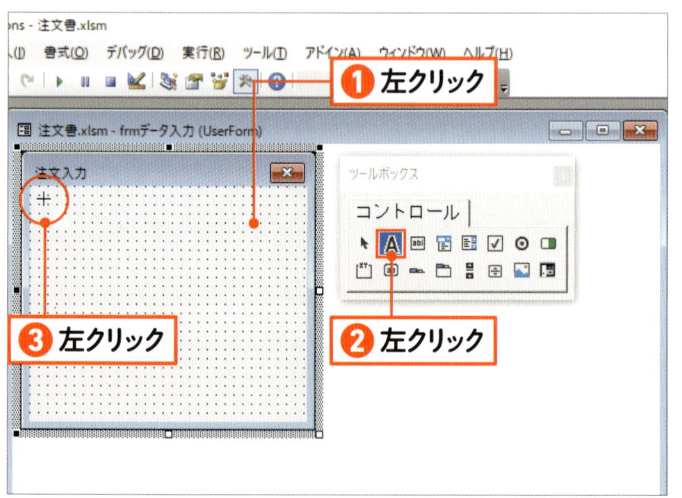

### 01 ラベルを追加する

フォームを左クリックします❶。［ツールボックス］の［ラベル］を左クリックします❷。ラベルを配置する場所を左クリックします❸。

**memo**

［ツールボックス］が表示されていない場合は、標準ツールバーのを左クリックして表示します。

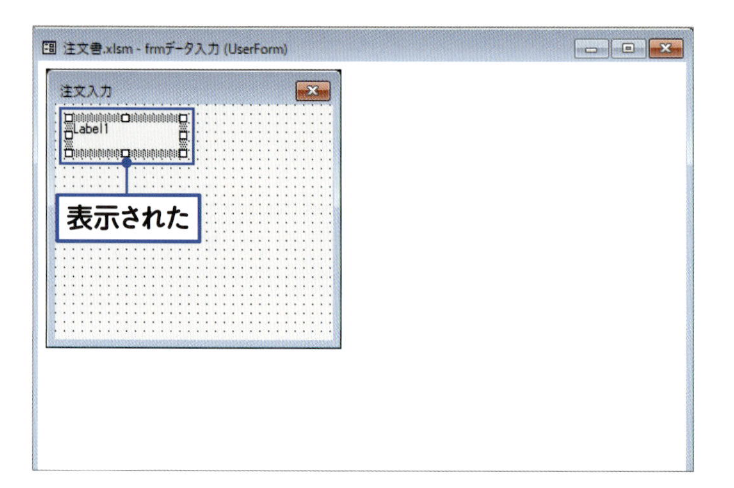


### 02 ラベルが追加された

ラベルが表示されます。

## やってみよう! ラベルに表示する文字を指定する

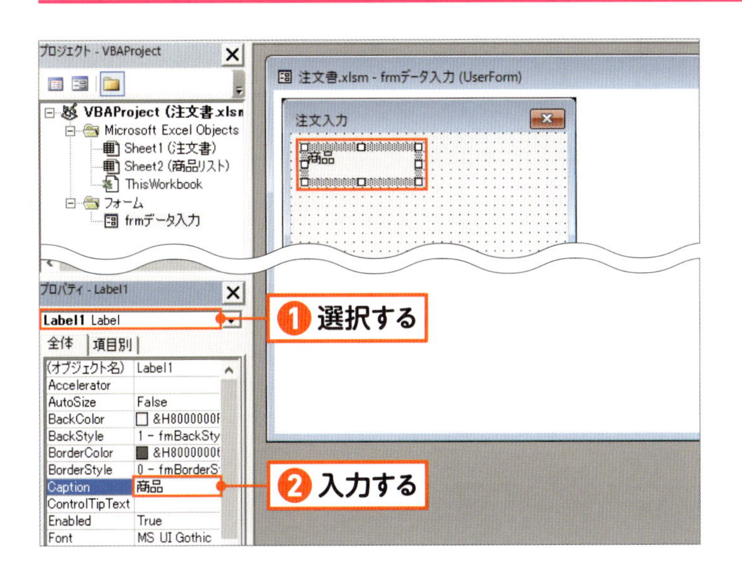

### 01 文字を変更する

[プロパティ] ウィンドウの [▼] をクリックしてラベル (Label1) を選択し❶、[Caption] プロパティに、文字 (ここでは「商品」) を入力して Enter キーを押します❷。文字が変更されます。

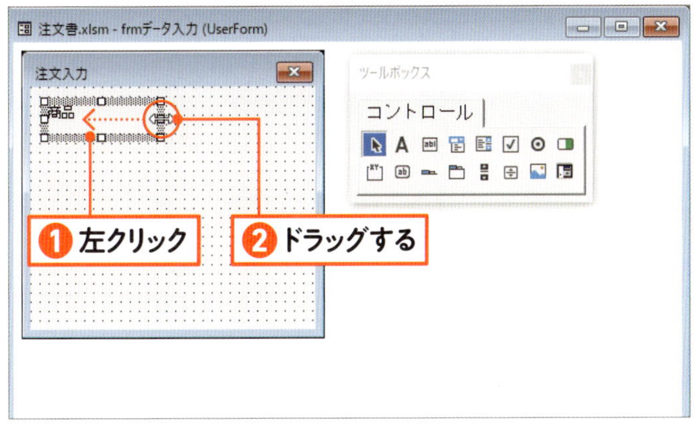

### 02 大きさを整える

ラベルを左クリックします❶。外枠に表示される□をドラッグします❷。

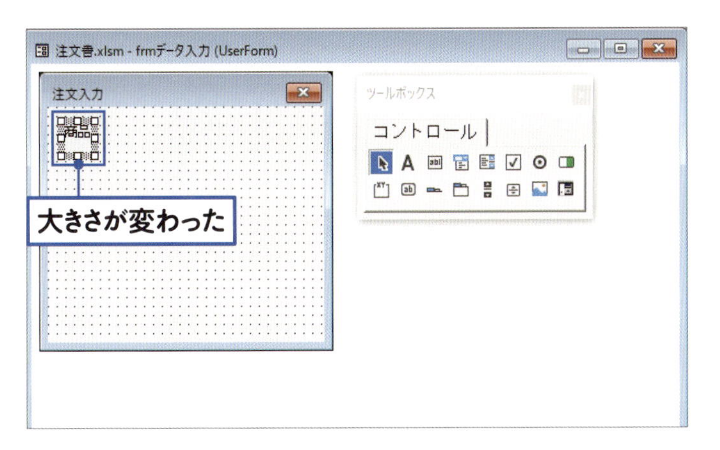

### 03 大きさが変わった

コントロールの大きさが変わりました。

**memo**

コントロールを移動するには、コントロールの外枠部分をドラッグします。コントロールを削除するには、コントロールを選択して Delete キーを押します。

9-4

：09-04a　完成ファイル：09-04b

# リストボックスを追加しよう

リストボックスを使うと、リストから項目を選択してもらうことができます。ここでは、商品を選択するリストボックスを追加します。リストに表示する項目を指定します。

## やってみよう！ リストボックスを追加する

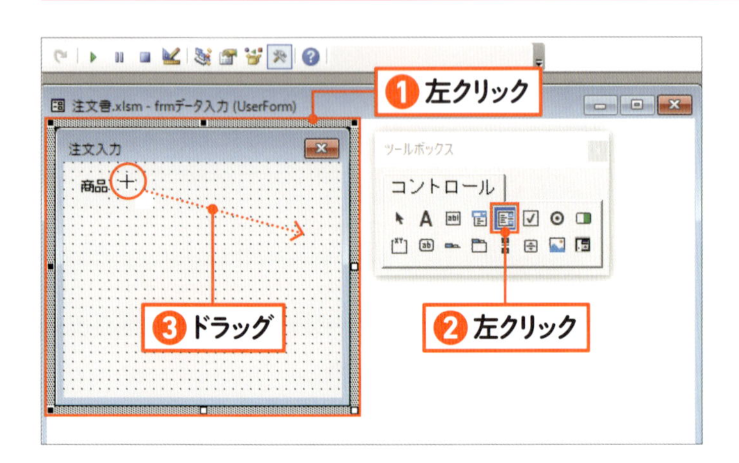

### リストボックスを追加する

フォーム上を左クリックします❶。［リストボックス］を左クリックします❷。リストボックスを配置する場所をドラッグします❸。

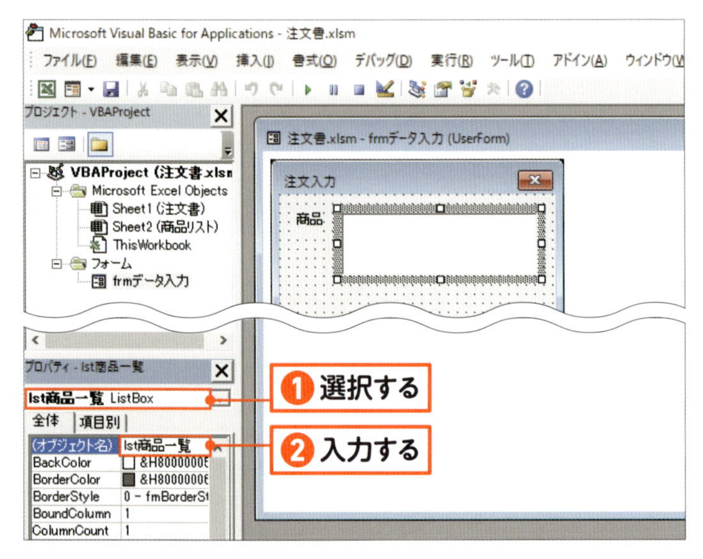

### リストボックスの名前を指定する

リストボックス（ListBox1）を選択し❶、リストボックスの［（オブジェクト名）］に名前（ここでは「lst商品一覧」）を入力し、Enter キーを押します❷。

**memo**

マクロでコントロールを扱うには、コントロールの名前を指定します。ここでは、リストボックスに「lst商品一覧」という名前を付けています。

## やってみよう! リストボックスに表示する内容を指定する

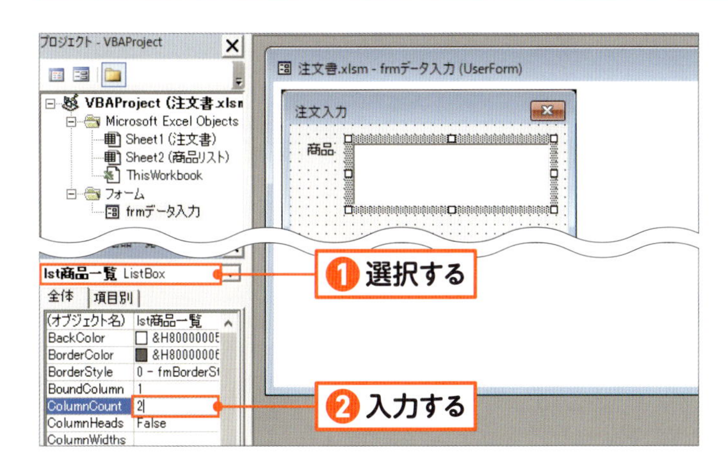

### 01 列数を指定する

リストボックスを選択し❶、[ColumnCount] プロパティに、列数（ここでは「2」）を指定します❷。

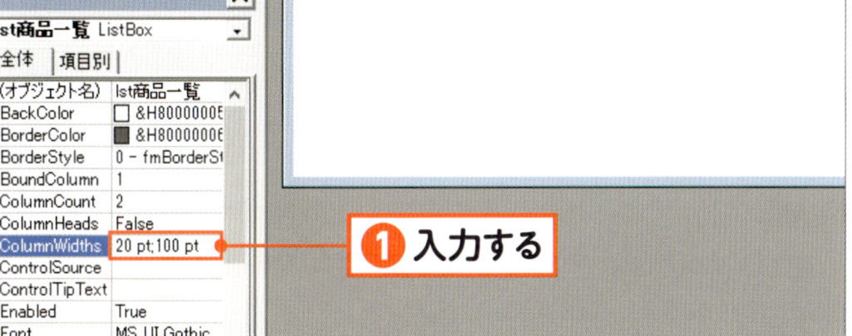
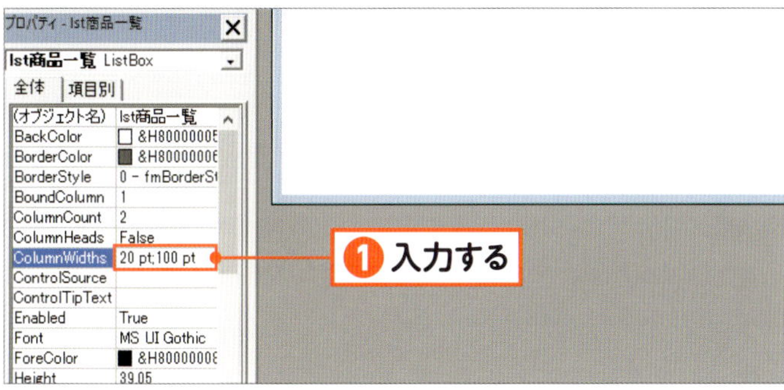

### 02 列幅を指定する

[ColumnWidths] プロパティに、列幅（ここでは「20;100」）をセミコロンで区切って入力し、Enter キーを押します❶。単位が自動的に表示されます。

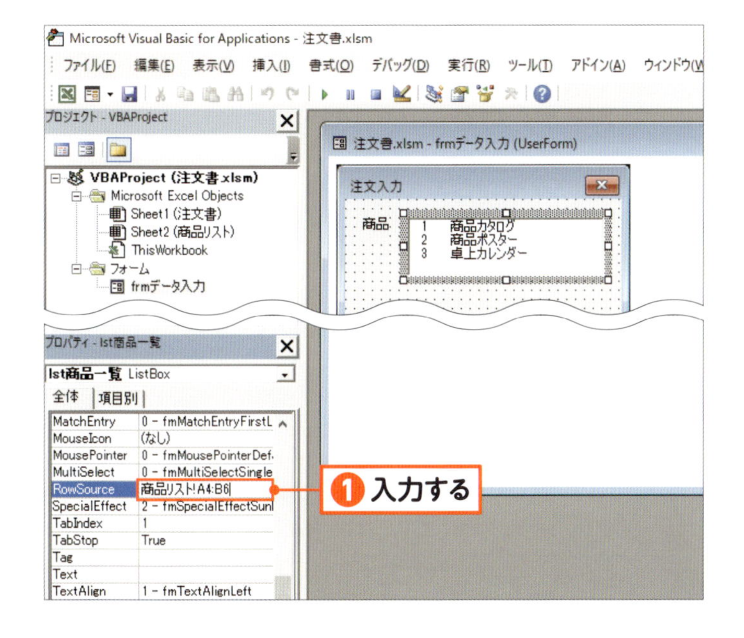

### 03 リストの表示内容を指定する

[RowSource] プロパティに、リストに表示する項目が入力されているセル範囲（ここでは、「商品リスト」シートのA4～B6セルのセル範囲「商品リスト!A4:B6」）を入力し、Enter キーを押します❶。

memo

[プロパティ] ウィンドウの幅が狭い場合は、ウィンドウの右側境界線部分をドラッグして幅を広げます。

練習ファイル：09-05a　完成ファイル：09-05b

# lesson. 9-5 入力欄を表示しよう

テキストボックスを使って文字を入力できるようします。ここでは、数量を入力します。テキストボックスを選択したときの日本語入力モードの状態も指定します。

## やってみよう! テキストボックスを追加する

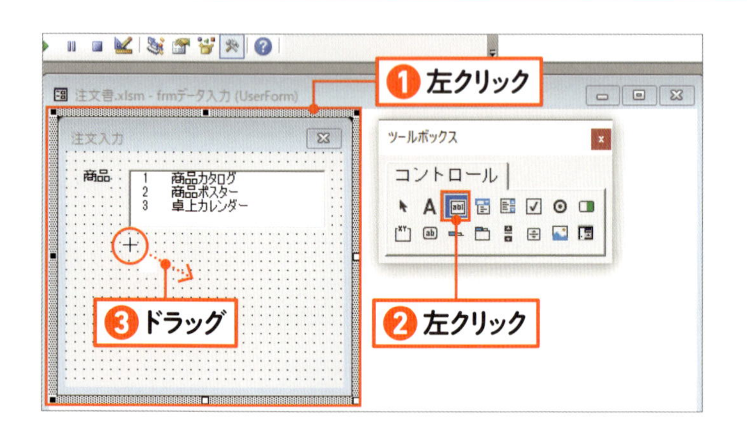


### 01 テキストボックスを追加する

フォーム上を左クリックします❶。［テキストボックス］を左クリックします❷。テキストボックスを配置する場所をドラッグします❸。

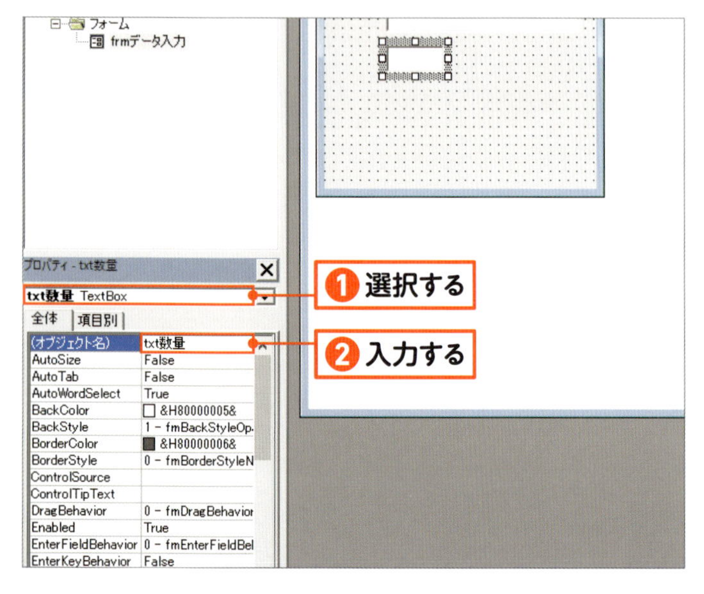


### 02 テキストボックスの名前を指定する

テキストボックスが表示されます。テキストボックス（TextBox1）を選択し❶、［（オブジェクト名）］に名前（ここでは「txt数量」）を入力し、 Enter キーを押します❷。

**memo**

マクロでコントロールを扱うには、コントロールの名前を指定します。ここでは、テキストボックスに「txt数量」という名前を付けています。

# やってみよう! 日本語入力モードの状態を指定する

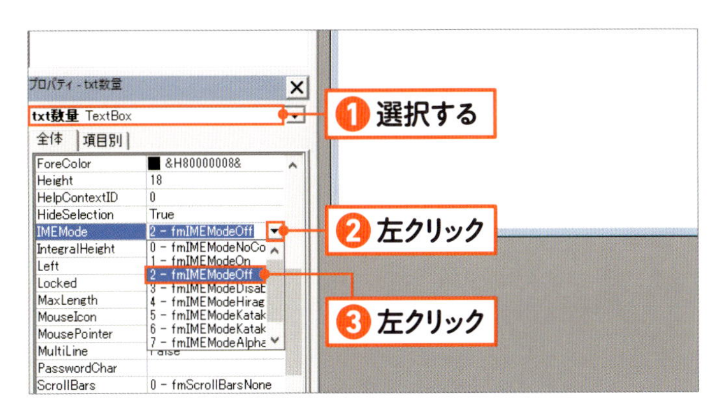

## 01 入力モードを選択する

テキストボックスを選択し❶、［IME Mode］プロパティの横の［▼］を左クリックし❷、日本語入力モード（ここでは［2-fmIMEMode Off］（日本語入力モードオフ））を選択します❸。

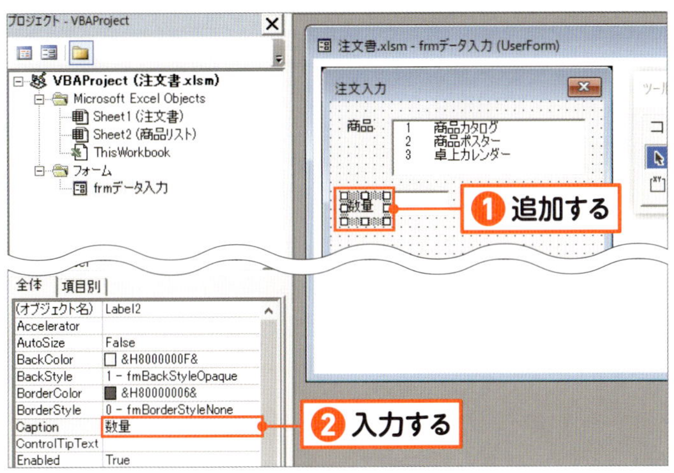

## 02 ラベルを追加する

テキストボックスに入力する内容がわかるように、P.128の方法でラベルを追加します❶。ラベルの［Caption］プロパティに、表示する文字（ここでは「数量」）を入力します❷。

### Check! フォームやコントロールを名前で選択するには?

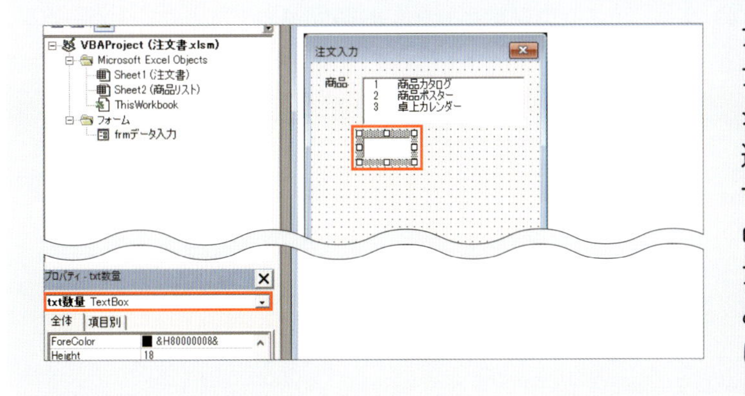

フォームやコントロールを名前で選択するには、フォームやコントロールを左クリックするか、オブジェクトボックスの横の「▼」を左クリックして、選択するフォームやコントロールを左クリックします。［プロパティ］ウィンドウでフォームやコントロールのプロパティを指定するときに、対象のフォームやコントロールが正しく選択されていないと、間違って指定されてしまいますので注意しましょう。

# 9-6

練習ファイル ：09-06a　完成ファイル ：09-06b

# コンボボックスを追加しよう

ボタンを左クリックして複数の項目を表示して項目を選択できるようにするには、コンボボックスを使います。ここでは、部署を選択するために使います。

## やってみよう! コンボボックスを追加する

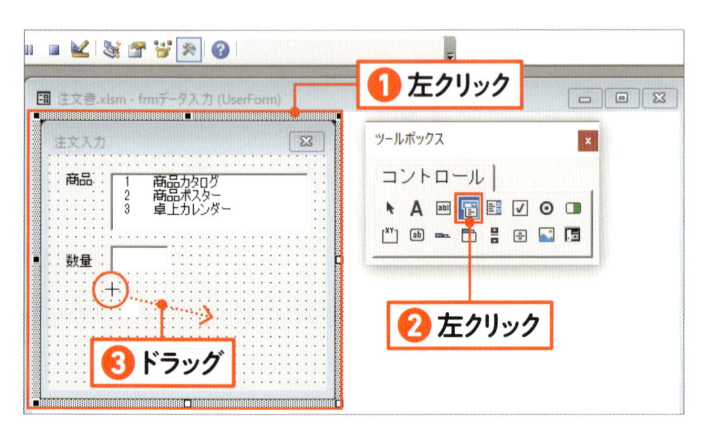

### 01 コンボボックスを追加する

フォームを左クリックします❶。［コンボボックス］を左クリックします❷。コンボボックスを配置する場所をドラッグします❸。

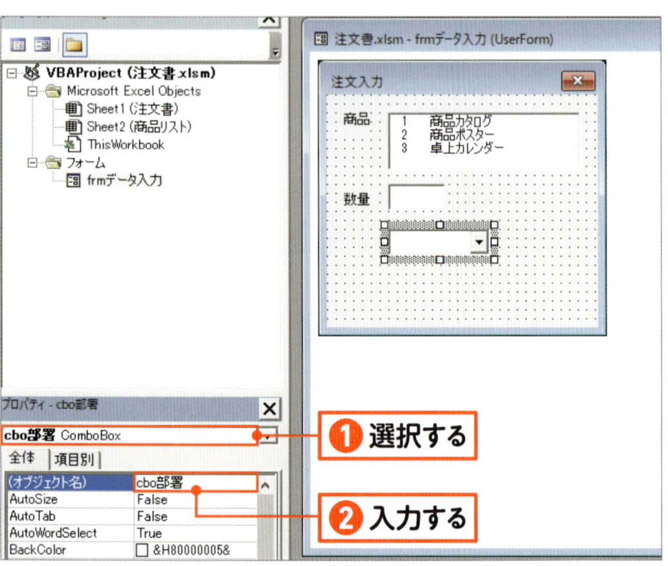

### 02 コンボボックスの名前を指定する

コンボボックスが表示されます。コンボボックス（ComboBox1）を選択し❶、コンボボックスの［（オブジェクト名）］に名前（ここでは「cbo部署」）を入力し、Enter キーを押します❷。

**memo**

マクロでコントロールを扱うには、コントロールの名前を指定します。ここでは、コンボボックスに「cbo部署」という名前を付けています。

# やってみよう! コンボボックスの詳細を指定する

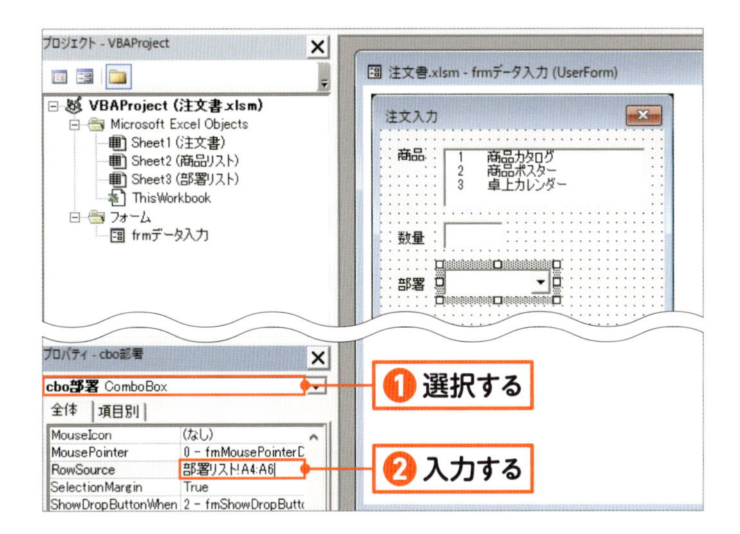


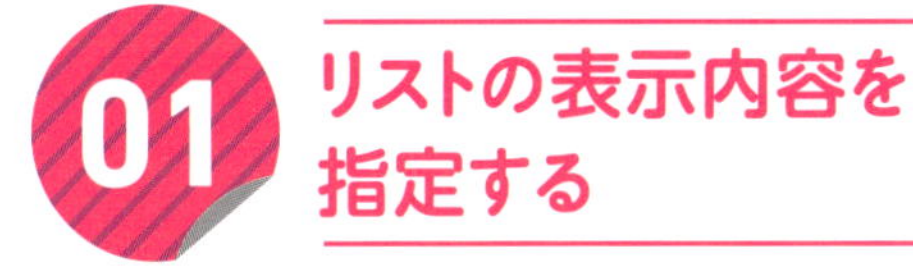

## 01 リストの表示内容を指定する

コンボボックスを選択し❶、[RowSource] プロパティに、リストボックスに表示する項目が入力されているセル範囲（ここでは、「部署リスト」シートのA4～A6セルのセル範囲「部署リスト!A4:A6」）を入力し、Enter キーを押します❷。

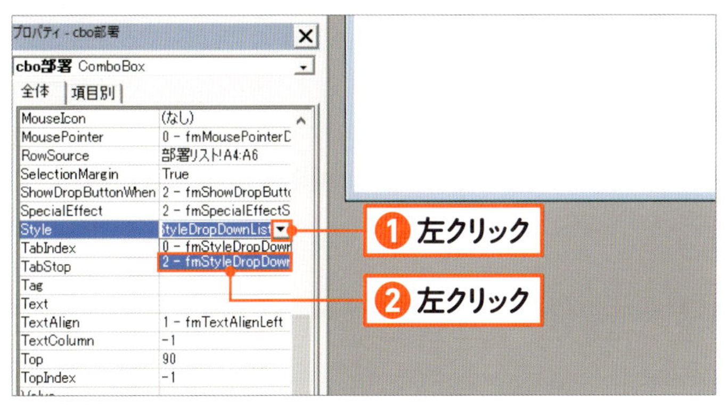


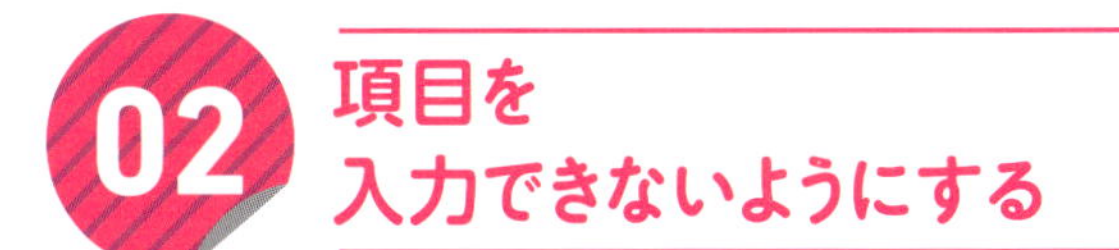

## 02 項目を入力できないようにする

[Style] プロパティの [▼] を左クリックして❶、コンボボックスにデータを入力できるようにする（「0」）か、入力できないようにする（「2」）を選び（ここでは、「2」）、左クリックします❷。

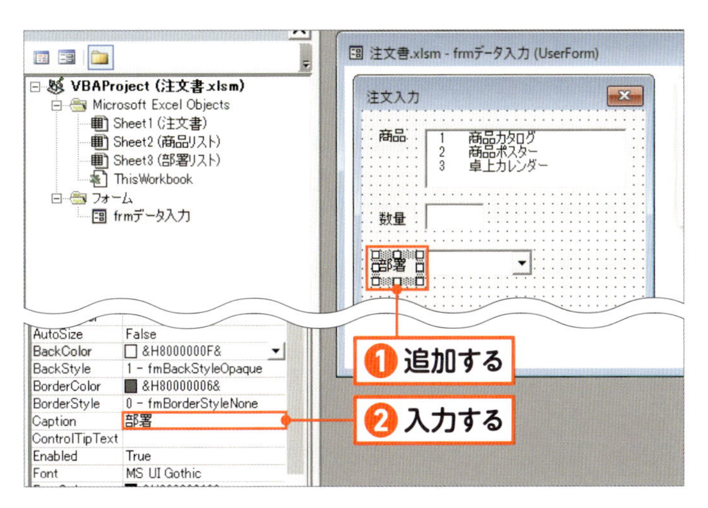


## 03 ラベルを追加する

コンボボックスで選択する内容がわかるように、P.128の方法でラベルを追加します❶。ラベルの [Caption] プロパティに、表示する文字（ここでは「部署」）を入力します❷。

練習ファイル：09-07a　完成ファイル：09-07b

# 9-7 ボタンを表示しよう

データを入力するためのボタンを追加します。また、ボタンを左クリックしたタイミングで行う内容を指定する画面を表示して、マクロを書く準備をします。

## やってみよう！ ボタンを追加する

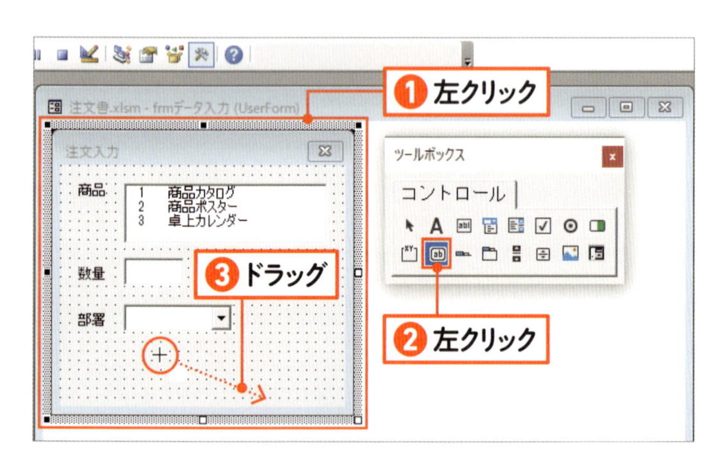

### 01 ボタンを追加する

フォームを左クリックします❶。［ボタン］を左クリックします❷。ボタンを配置する場所をドラッグします❸。

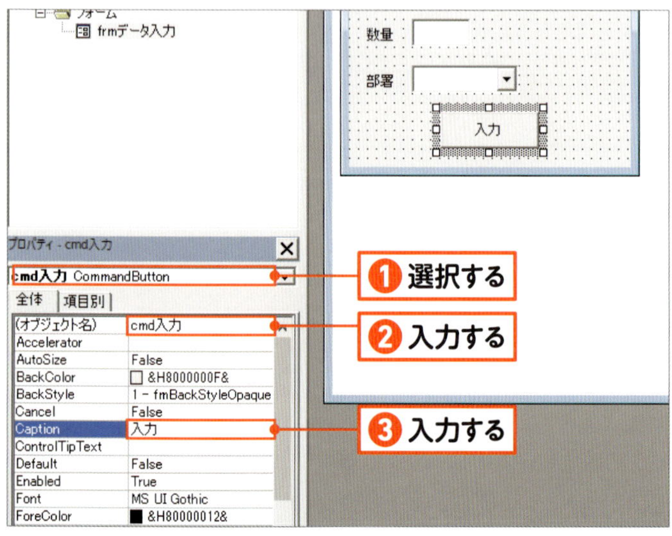


### 02 ボタンの名前と文字を指定する

ボタンが表示されます。ボタン（CommandButton1）を選択し❶、［（オブジェクト名）］に名前（ここでは「cmd入力」）を入力します❷。［Caption］プロパティに、ボタンに表示する文字（ここでは「入力」）を入力します❸。

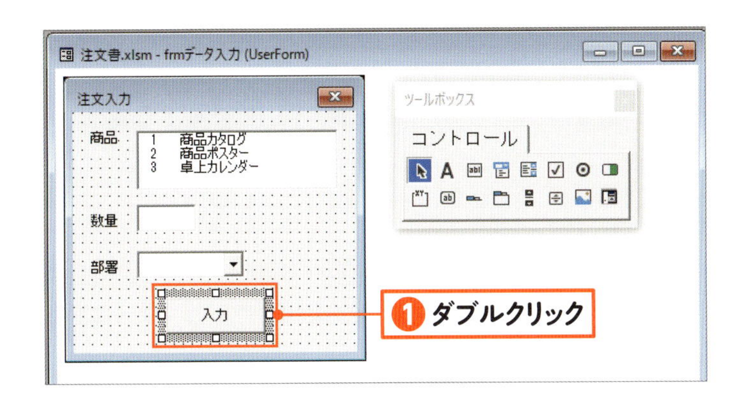

## 03 ボタンの動作を指定する

コマンドボタンをダブルクリックします❶。

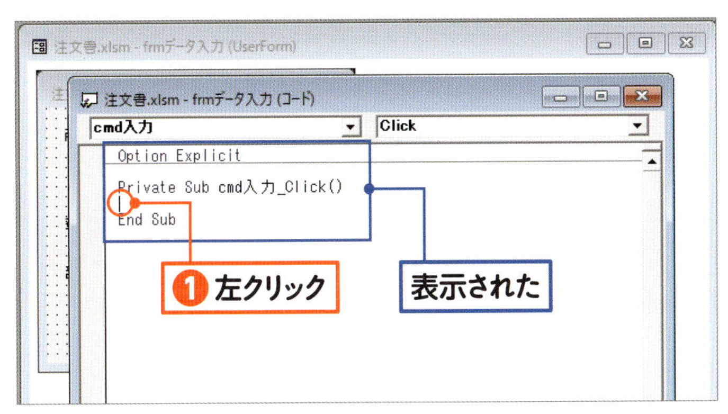

## 04 動作を指定する画面が表示される

コマンドボタン（「cmd入力」）を左クリックしたときに実行する操作を書くマクロが表示されます。「Private Sub cmd入力_Click()」と「End Sub」の間に操作を書きます。先頭行を左クリックします❶。

### Check! フォームを操作するマクロを書くところ

フォームを追加すると、フォームごとにフォームモジュール（コードウィンドウ）が用意されます。ここに、マクロの内容を書きます（P.138）。マクロの名前は、自分で決めることはできません。「Private Sub オブジェクト名_イベント名」になります。フォームモジュールでオブジェクトとイベントを選択すると、選択したオブジェクトの指定したイベントが発生したときに実行するマクロが作られます。
なお、フォームをダブルクリックすると、ダブルクリックしたコントロールの既定のイベントが発生したときに実行する内容を書くマクロが追加されます。フォームの画面とコードを書く画面を切り替えるには、プロジェクトエクスプローラーの左上のボタンを使います。

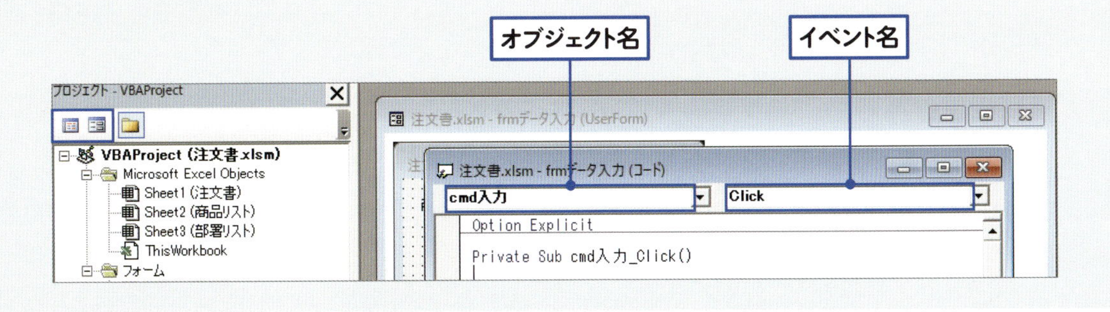

練習ファイル：09-08a　完成ファイル：09-08b

# 9-8 ボタンを左クリックしたときの処理を書こう

ボタンを左クリックしたときに、フォームで指定した内容がセルに入力されるようにしましょう。コントロールの名前や、プロパティなどを使ってマクロの内容を書きます。

## やってみよう! マクロの内容を書く

P.137で作成したマクロに、次の内容を書きます。

```
Private Sub cmd入力_Click()
    Dim 商品番号 As Long
    Dim 商品名 As String
    Dim 部署 As String

    With lst商品一覧
        If .ListIndex = -1 Then
            MsgBox "商品を選択してください"
            Exit Sub
        Else
            商品番号 = .List(.ListIndex, 0)
            商品名 = .List(.ListIndex, 1)
        End If
    End With

    If txt数量.Value = "" Then
        MsgBox "数量を入力してください"
        Exit Sub
    End If
```

- Long型の変数（商品番号）を宣言します。
- String型の変数（商品名）を宣言します。
- String型の変数（部署）を宣言します。
- （Withステートメント）リストボックス（「lst商品一覧」）に関する内容をまとめて書きます。
- （Ifステートメント）リストボックス（「lst商品一覧」）で項目が選択されていない場合は、メッセージを表示し、マクロを終了します。選択されている場合は、変数（商品番号）に、リストで選択されている項目の1列目のデータを指定します。変数（商品名）に、リストで選択されている項目の2列目のデータを指定します。
- （Ifステートメント）テキストボックス（「txt数量」）が空の場合は、メッセージを表示し、マクロを終了します。

```
With cbo部署
    If .ListIndex = -1 Then
        MsgBox "部署を選択してください"
        Exit Sub
    Else
        部署 = .List(.ListIndex)
    End If
End With

With Cells(Rows.Count, 1).End(xlUp).Offset(1)
    .Value = 商品番号
    .Offset(, 1).Value = 商品名
    .Offset(, 2).Value = txt数量.Value
    .Offset(, 3).Value = 部署
End With

    lst商品一覧.ListIndex = -1
    txt数量.Value = ""
    cbo部署.ListIndex = -1
End Sub
```

（With ステートメント）
コンボボックス（「cbo部署」）に関する内容をまとめて書きます。

（If ステートメント）
コンボボックス（「cbo部署」）で項目が選択されていない場合は、メッセージを表示し、マクロを終了します。選択されている場合は、変数（部署）に、コンボボックスで選択されている項目のデータを指定します。

（With ステートメント）
A列の最終行のセルから上方向に向かってデータが入力されているセルを探し、そのセルの1つ下のセルに関する内容をまとめて書きます。

変数（商品番号）の内容を入力します。

1つ右のセルに、変数（商品名）の内容を入力します。

2つ右のセルに、テキストボックス（「txt数量」）の内容を入力します。

3つ右のセルに、変数（部署）の内容を入力します。

リストボックス（「lst商品一覧」）を項目が選択されていない状態に戻します。

テキストボックス（「txt数量」）を空の状態に戻します。

コンボボックス（「cbo部署」）を項目が選択されていない状態に戻します。

**memo**

リストボックスやコンボボックスのListIndexプロパティは、選択されている項目の番号を表します。先頭の項目が「0」、2番目が「1」、3番目が「2」・・・になります。何も選択されていない場合は「-1」が返されます。

**memo**

リストボックスやコンボボックスのListプロパティは、リストの項目名を表します。1つ目の引数でリストの何番目か指定します。先頭行が「0」、2番目が「1」…になります。2つ目の引数でリストの何列目かを指定します。左端が「0」、左から2番目が「1」…になります。

**memo**

「Exit Sub」は、マクロの実行を途中で終了することを意味します。

**memo**

テキストボックスのValueプロパティは、テキストボックスに入力されているデータを表します。

9-9

：09-09a 完成ファイル ：09-09b

# フォームを呼び出せるようにしよう

フォームを実行するためのマクロを作ります。さらに、シートにマクロを呼び出すボタンを追加し、フォームを簡単に表示できるようにします。

## やってみよう! フォームを呼び出す準備をする

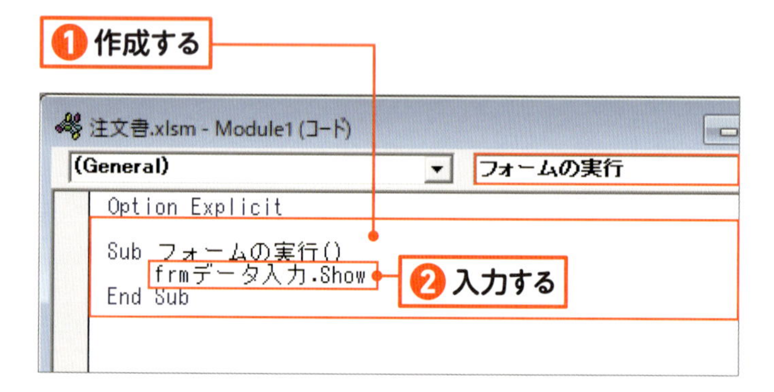

### フォームを呼び出すマクロを作る

P.31の方法で標準モジュールを追加し、マクロ（ここでは「フォームの実行」）を作ります❶。フォームのShowメソッドを使って、フォームを呼び出す内容を指定します❷。

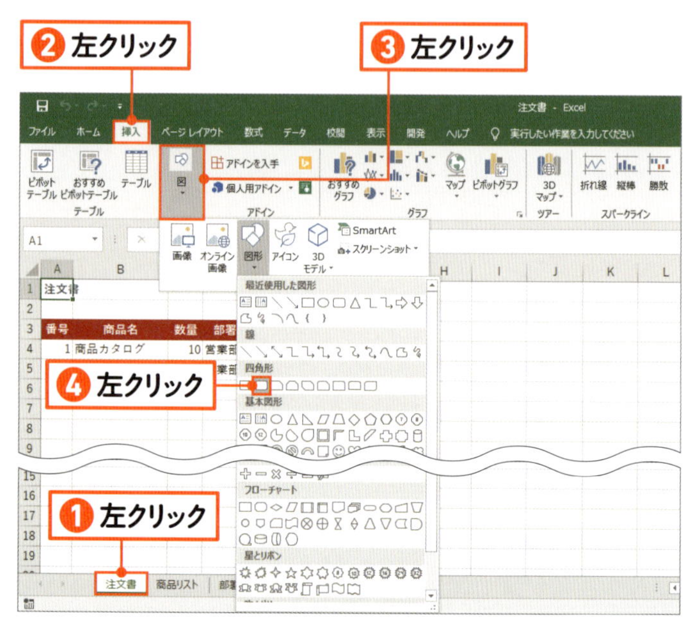

### ボタンを選択する

Excel画面に切り替えます。ボタンを追加するシート（ここでは「注文書」）を左クリックします❶。［挿入］タブを左クリック❷、［図］を左クリック❸、［図形］-図形（ここでは、「四角形：角を丸くする」）を左クリックします❹。

## やってみよう！　ボタンにマクロを割り当てる

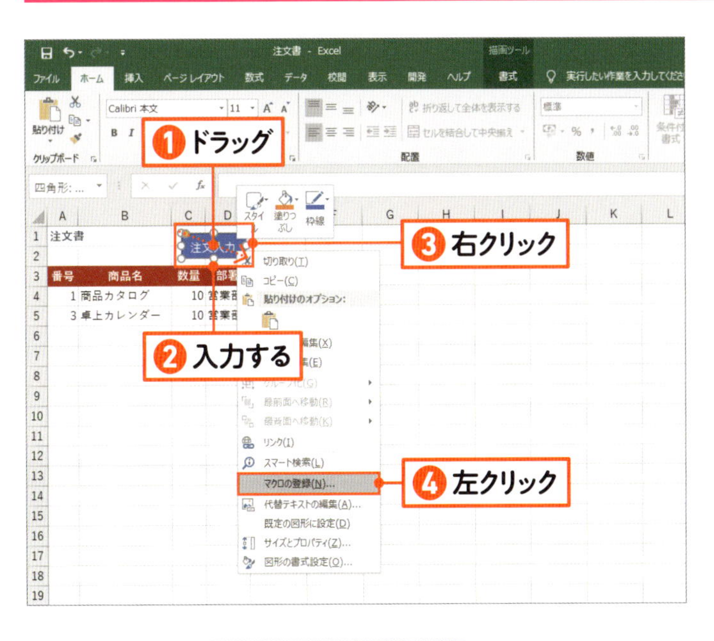

### 01 マクロを登録する準備をする

ボタンを表示する場所をドラッグしてボタンを追加します❶。ボタンに文字を入力します❷。ボタンを右クリックし❸、［マクロの登録］を左クリックします❹。

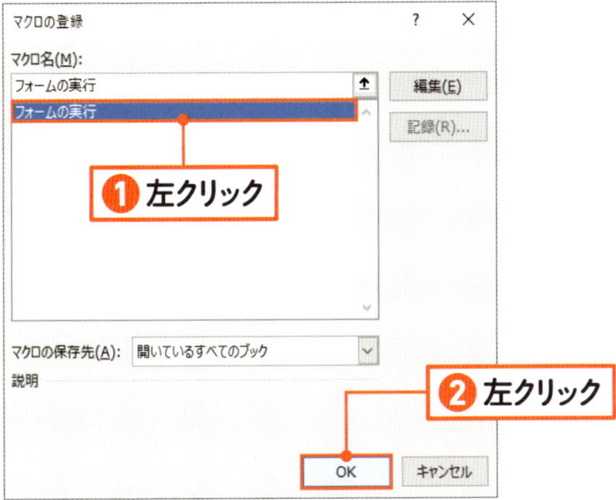


### 02 マクロを選択する

ボタンに割り当てるマクロ（ここでは「フォームの実行」）を選択します❶。［OK］を左クリックします❷。

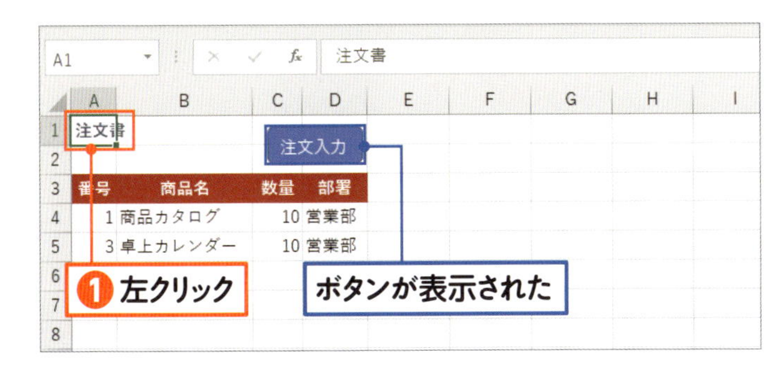


### 03 ボタンが追加された

他のセルを左クリックします❶。ボタンが表示されます。

# 9-10

：09-10a

# フォームの動作を確認しよう

フォームを実行して、フォームからデータを入力してみましょう。また、未入力のときに、指定したメッセージが表示されるかどうかなども確認しましょう。

## やってみよう! フォームを実行する

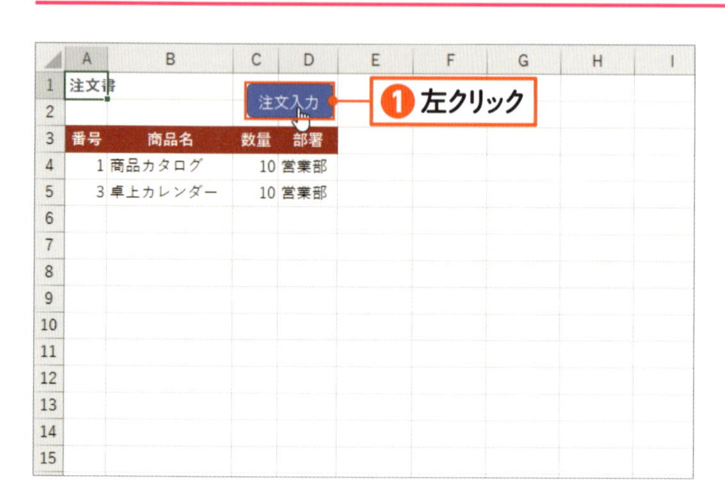

### フォームを表示する

P.140で作成したボタンを左クリックします❶。

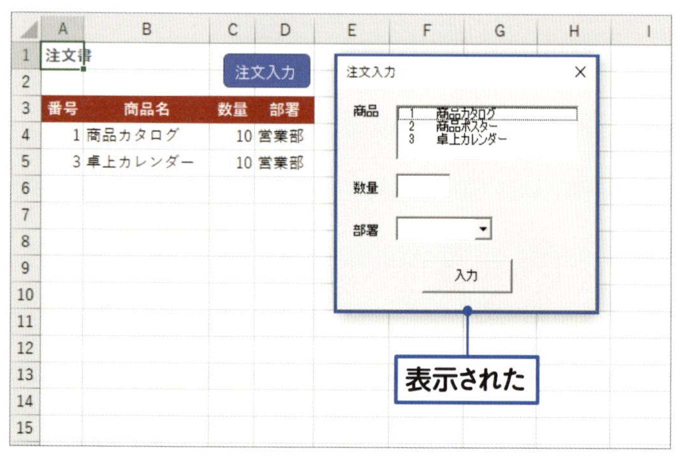

### フォームが表示された

フォームが表示されます。

**memo**

エラーが表示された場合は、エラーの内容を確認し、マクロを修正します。

# やってみよう!　注文データの内容を入力する

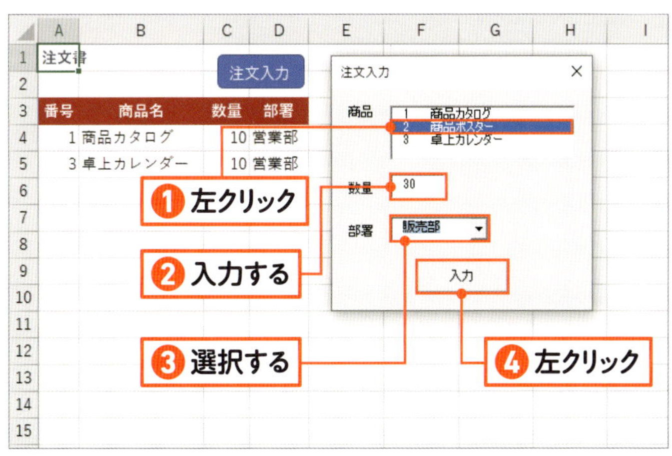


## 01 データを入力する

注文データの内容を指定します。リストから商品名を左クリックします❶。数量を入力します❷。部署を選択します❸。[入力] を左クリックします❹。

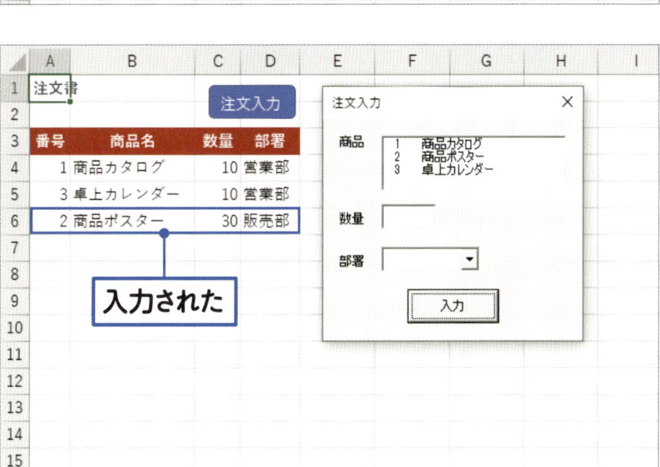


## 02 データが入力される

データが入力されます。

**memo**

エラーが表示された場合は、エラーの内容を確認し、マクロを修正します。コントロールのオブジェクト名が正しく指定されているかなどを確認しましょう。

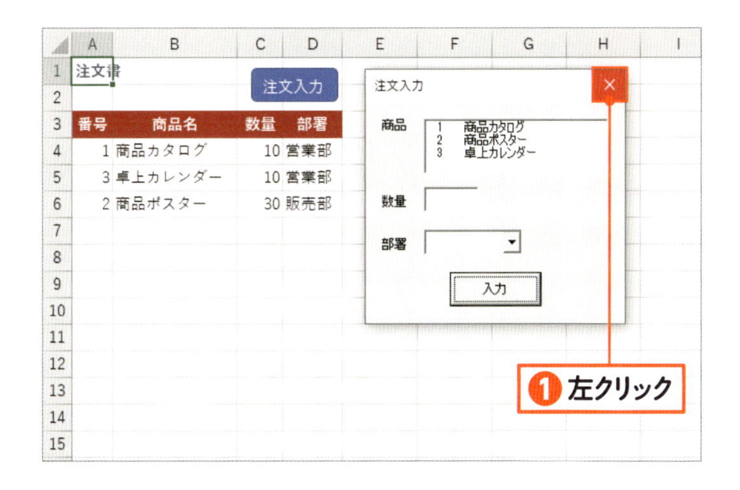


## 03 フォームを閉じる

右上の [閉じる] を左クリックすると❶、フォームが閉じます。

**memo**

未入力の項目がある状態で [入力] を左クリックすると、入力を促すメッセージが表示されます。未入力の状態で [入力] を左クリックして確認してみましょう。

# マクロが実行できない!

## Q-1

マクロを含むブックを開くと、最初はマクロが無効の状態で開きます。マクロを実行できるようにするには、マクロを有効にします。

## やってみよう! 無効にされたマクロを有効にするには?

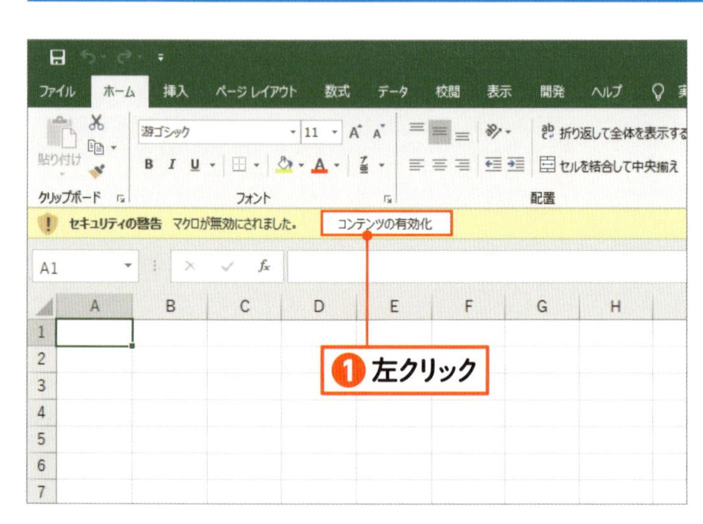


### 01 マクロを有効にする

マクロを含むブックを開いたときに表示されるメッセージバーの［コンテンツの有効化］を左クリックします❶。

**memo**

VBEを起動しているときは、メッセージ画面が表示されます。［マクロを有効にする］を左クリックすると、マクロが有効になります。

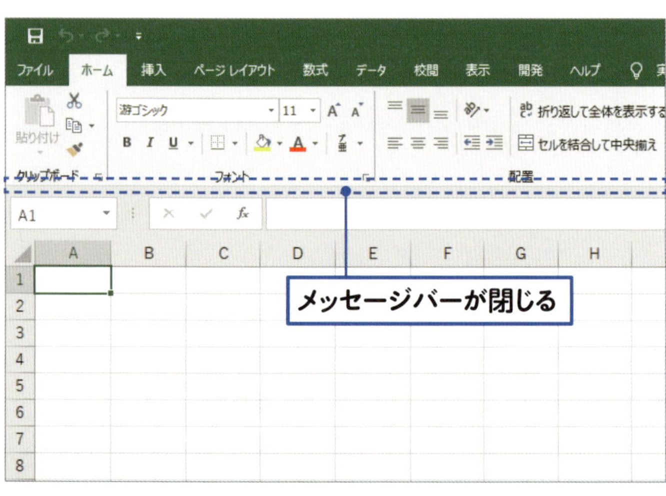


### 02 マクロが有効になる

メッセージバーが閉じて、マクロが有効になります。次回、同じファイルを開いたときは、マクロが有効の状態で開きます（右ページのCheck!参照）。

# やってみよう! 信頼できる場所を追加するには?

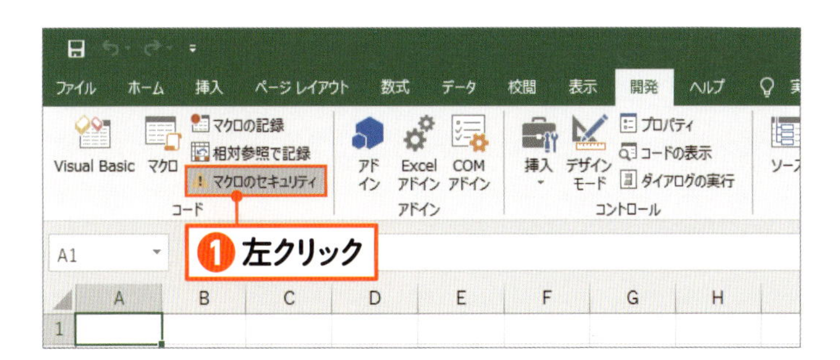


## 01 設定画面を開く

指定したフォルダーを信頼できる場所に指定します（下のCheck!参照）。[開発] タブの [マクロのセキュリティ] を左クリックします❶。

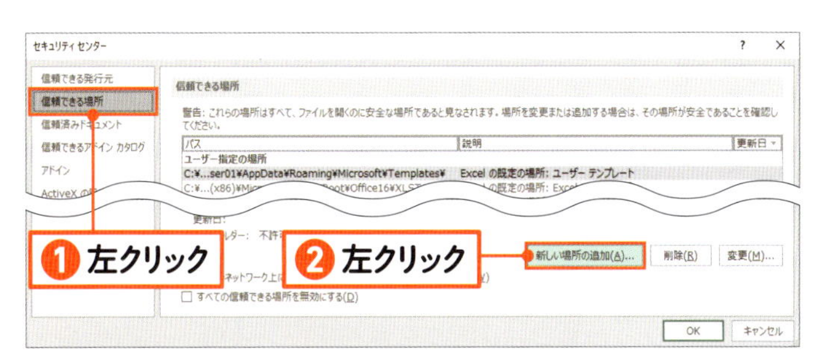


## 02 新しい場所を追加する

[セキュリティセンター] の [信頼できる場所] を左クリックし❶、[新しい場所の追加…] を左クリックします❷。

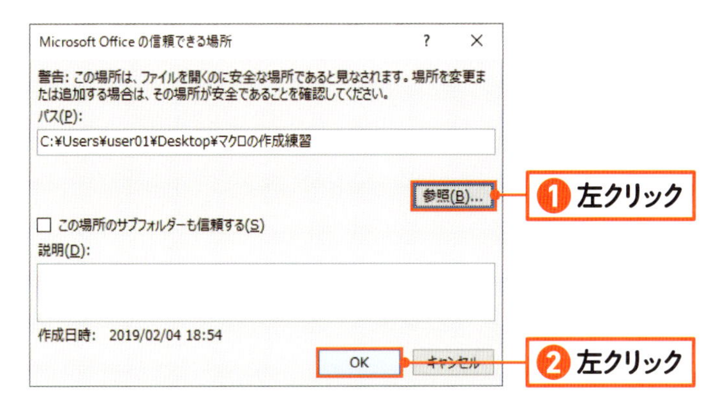


## 03 フォルダーを選択する

[参照] を左クリックし❶、信頼できる場所に指定するフォルダーを選択します。[OK] を左クリックします❷。[セキュリティセンター] の [OK] を左クリックして設定画面を閉じます。

## Check! 信頼できる場所と信頼済みドキュメント

信頼できる場所に保存されているブックは、安全なブックとみなされます。そのため、信頼できる場所に保存したマクロを含むブックを開くと、マクロが自動的に有効になります。
また、信頼できる場所以外に保存されているマクロを含むブックでも、一度マクロを有効にすると（P.144）、信頼済みドキュメントと見なされて、次回以降はマクロが有効になって開きます。信頼済みドキュメントを解除し、すべて信頼されていない状態に戻すには、[セキュリティセンター] 画面で [信頼済みドキュメント] を左クリックして [クリア] を左クリックします。

# Q-2 マクロを実行したらエラーが表示された!

マクロを作っている途中や実行時にエラーが表示されたら、エラーの内容を確認して修正します。エラーの種類を知っておきましょう。

## やってみよう! 実行時にエラーが表示されたら?

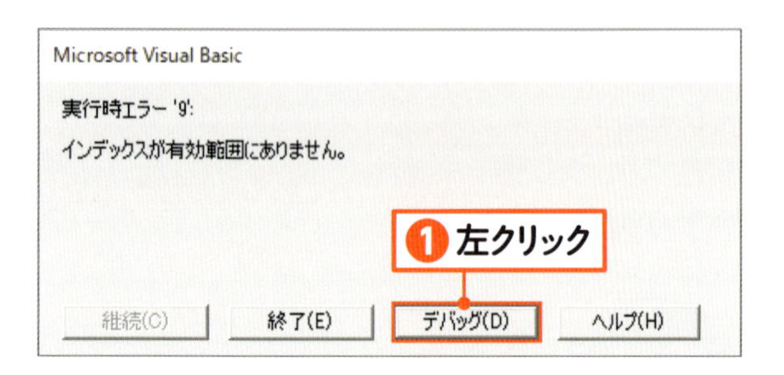


### 01 エラーが表示される

マクロを正しく実行できないときは、実行時エラーが表示されます。[デバッグ] を左クリックします❶。

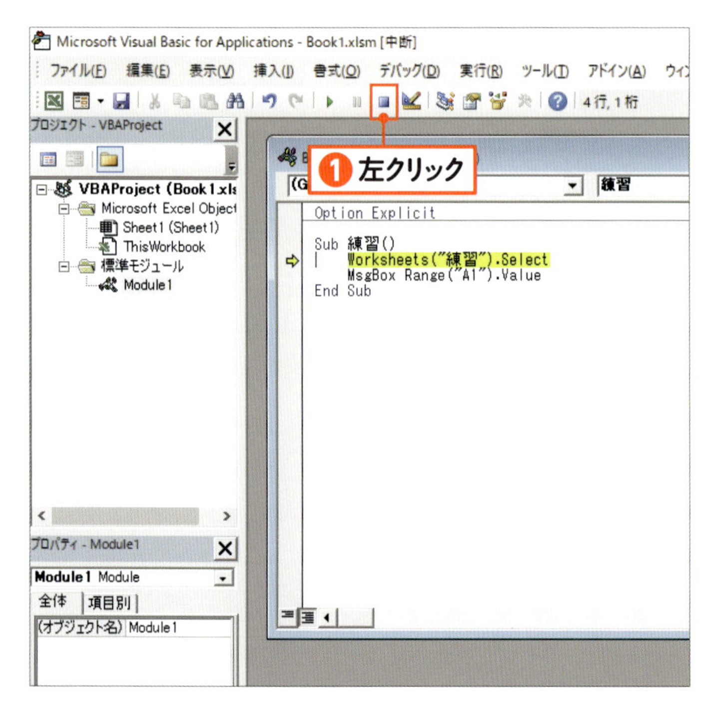


### 02 リセットする

エラーの箇所に色が付きます（ここでは、マクロで指定されたワークシートが存在しないためエラーになっています）。[リセット] を左クリックし❶、マクロを修正します。

# やってみよう! 入力中にエラーが表示されたら?

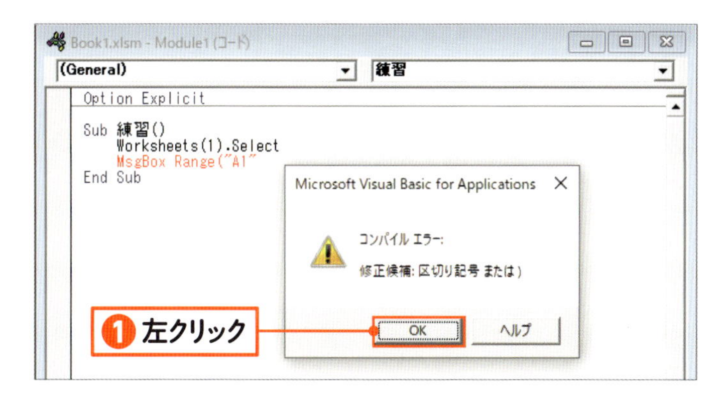


## 01 エラーが表示される

マクロの入力中にスペルミスや文法上の間違いがあった場合は、コンパイルエラーが発生します。［OK］を左クリックします❶。

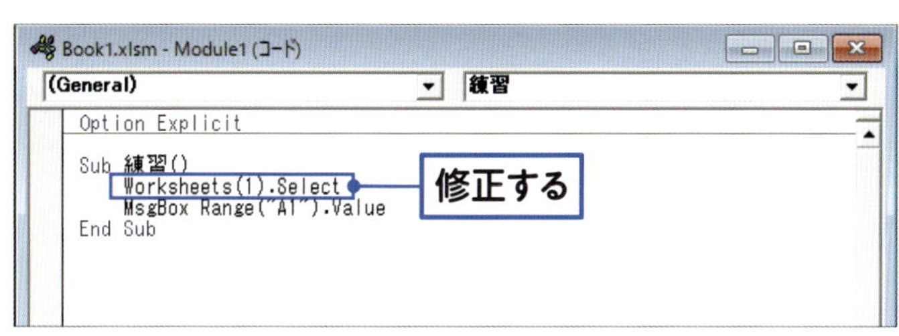


## 02 マクロを修正する

赤字部分を修正すると、赤字の表示が消えます。

## Check! 実行時にコンパイルエラーが発生した場合

コンパイルエラーは、マクロの実行時に表示される場合もあります。その場合は、［OK］を左クリックして❶、［リセット］を左クリックし❷、マクロを修正します。

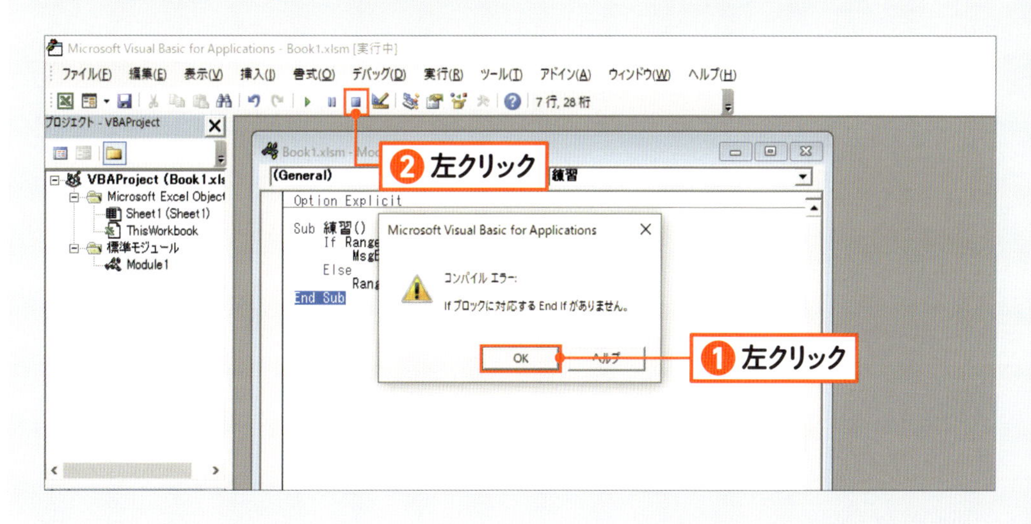

# Q-3 VBEに表示されていたウィンドウが消えた!

VBEの画面には、通常複数のウィンドウが表示されます。ウィンドウが消えてしまった場合は、メニューバーから表示します。

## やってみよう! VBEのウィンドウを表示するには?

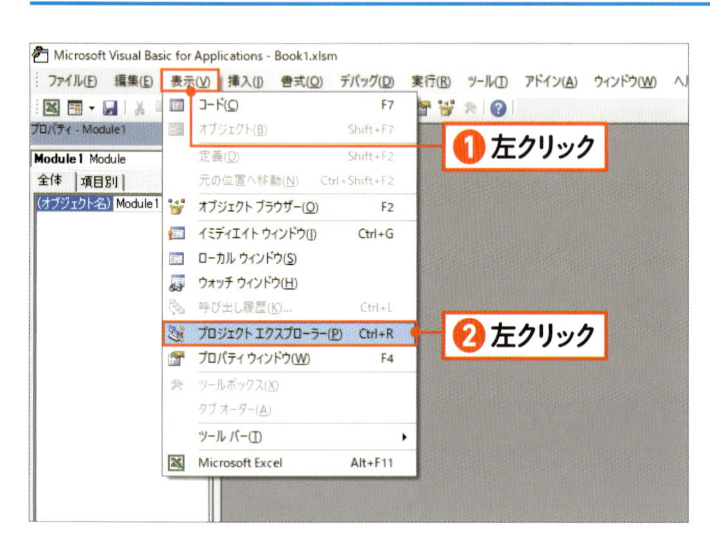

### ウィンドウを選択する

[表示] メニューを左クリックします❶。表示するウィンドウの項目 (ここでは [プロジェクトエクスプローラー] ) を左クリックします❷。

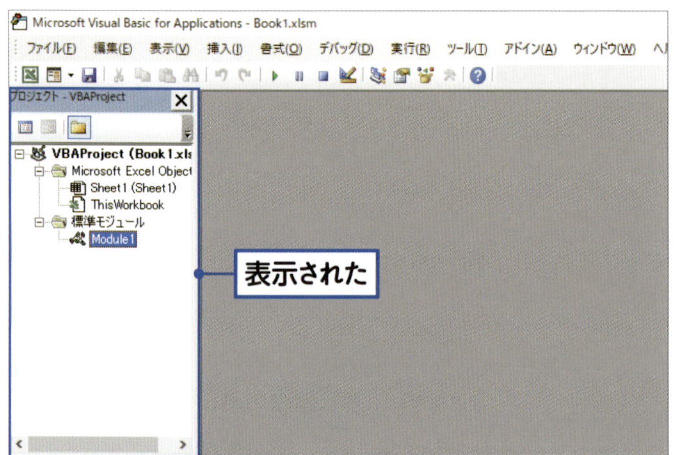

### 表示された

ウィンドウが表示されます。

# ウィンドウの表示方法を変更するには?

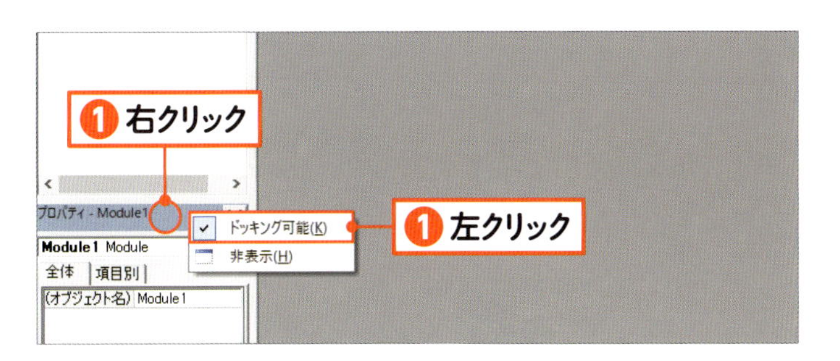

## 01 ドッキング可能にする

ウィンドウのタイトルバーを右クリックします❶。[ドッキング可能にする] を左クリックします❷。

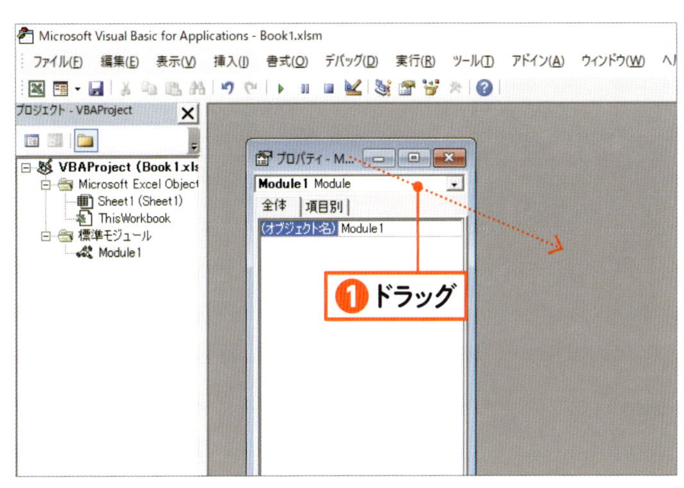


## 02 ウィンドウを移動する

ドッキング可能の状態が解除されます。ウィンドウのタイトルバーをドラッグすると❶、ウィンドウが移動します。

## Check! ドッキング可能の状態を確認する

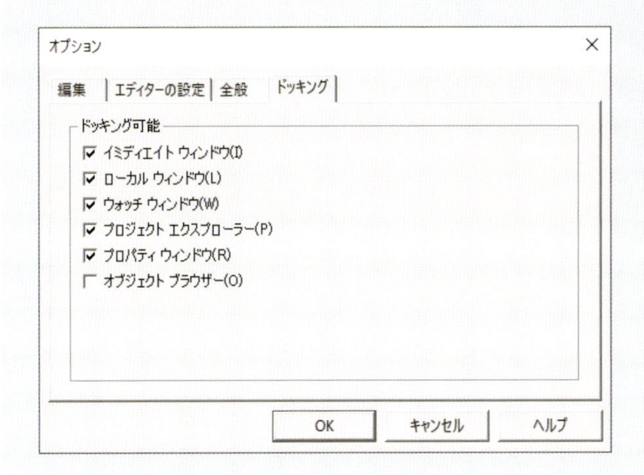


プロパティウィンドウなどは、最初は画面の端にくっついて表示するドッキング可能の状態になっています。ウィンドウを自由に移動するには、ドッキング可能の状態を解除します。
ウィンドウの表示状態は、[ツール] メニューの [オプション] を左クリックし、[オプション] 画面の [ドッキング] タブで指定できます。

# Q-4 マクロやツールバーが消えた!

あるはずのマクロが表示されない場合は、マクロの表示方法を確認しましょう。また、必要なツールバーが消えてしまった場合は、［表示］メニューから再表示します。

## やってみよう! 複数のマクロを表示するには?

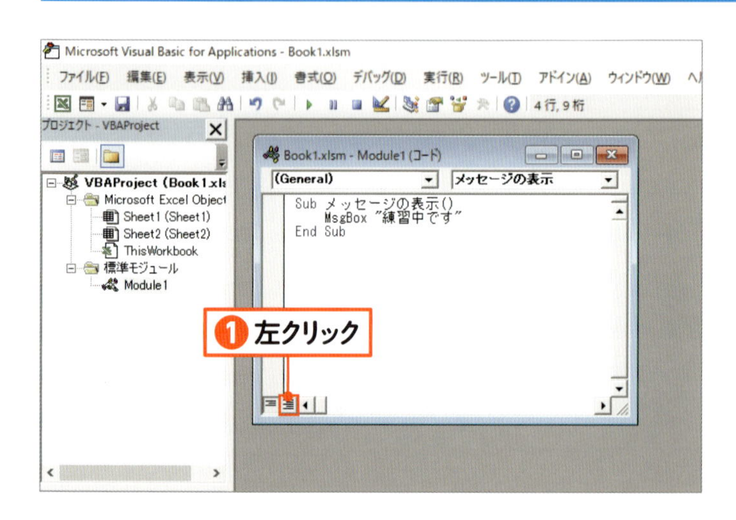

### 01 モジュール全体を表示する

［モジュール全体を連続表示］を左クリックします❶。

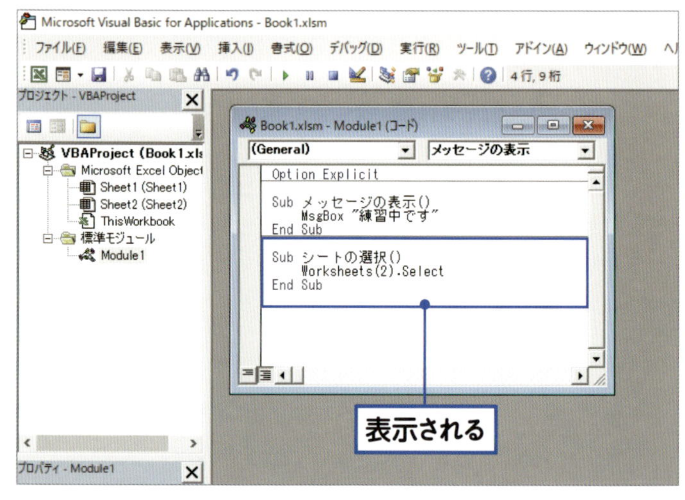

### 02 モジュール全体が表示される

モジュール内のマクロが連続して表示されます。隣の［プロシージャの表示］を左クリックすると、カーソルがある位置のマクロだけが表示されます。

# やってみよう! ツールバーを表示するには?

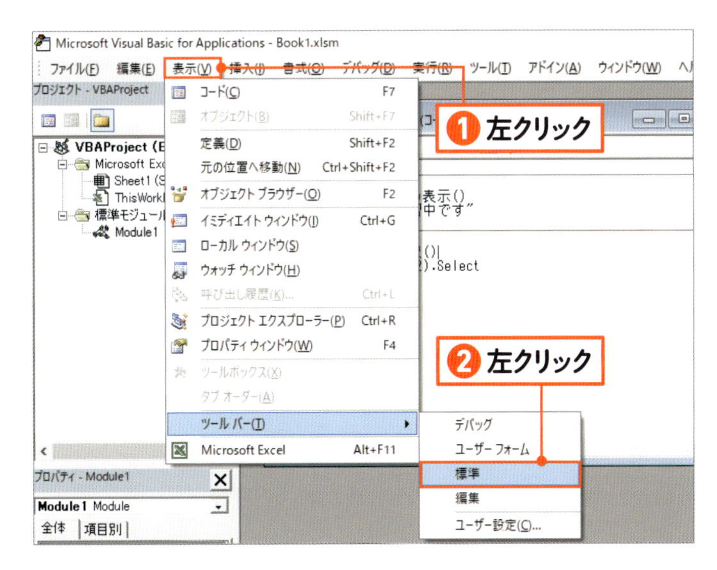

## ツールバーを選択する

［表示］メニューを左クリックし❶、［ツールバー］にマウスポインターを移動して表示するツールバー（ここでは［標準］）を左クリックします❷。

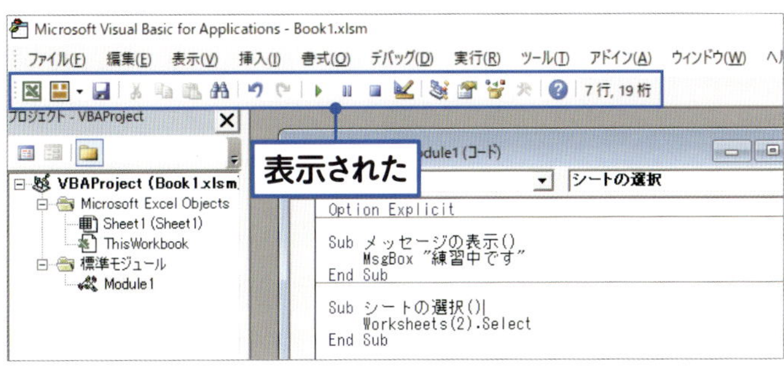

## ツールバーが表示された

選択したツールバーが表示されます。

## Check! その他のツールバー

VBEの画面では、［標準］ツールバー以外のツールバーもあります。たとえば、次のようなものがあります。

| ツールバー | 内容 |
|---|---|
| デバッグ | マクロを1ステップずつ実行したり、変数の動きを確認したりするウィンドウを表示するボタンが表示されます。マクロを修正するときなどに表示しておくと便利です。 |
| ユーザーフォーム | フォームのコントロールの配置を整えたりするボタンが表示されます。フォームを作る時に表示しておくと便利です。 |
| 編集 | プロパティやメソッドの一覧を表示したり、マクロをコメントにするボタンなどが表示されます。 |

# Q-5 マクロの文字を大きくしたい!

コードウィンドウに表示されるマクロの文字を大きく表示するには、[オプション]画面で設定を変更します。コメントの色を変更したりもできます。

## やってみよう! オプション画面を表示する

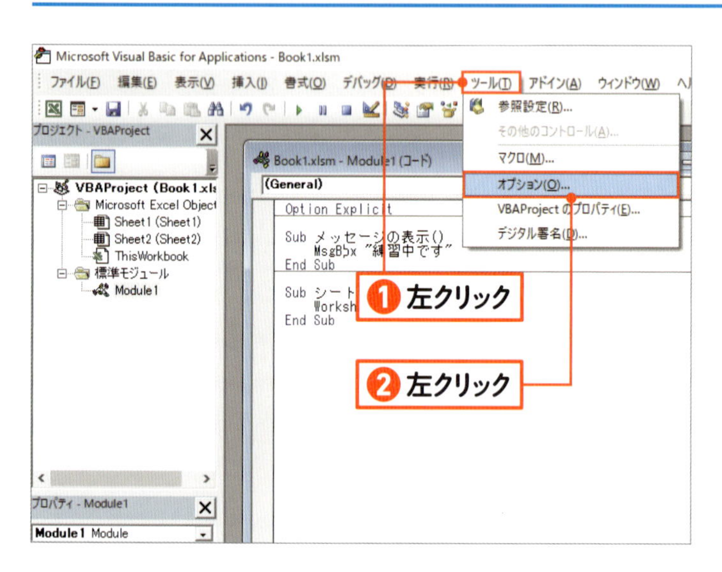

### 01 設定画面を表示する

[ツール] メニューを左クリックし❶、[オプション] を左クリックします❷。

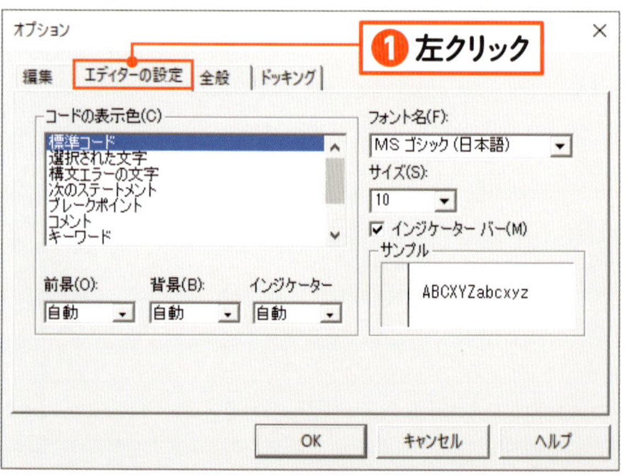

### 02 タブを選択する

[エディターの設定] タブを左クリックします❶。

## 変更する内容を指定する

変更する項目（ここでは［標準コード］）を左クリックします❶。

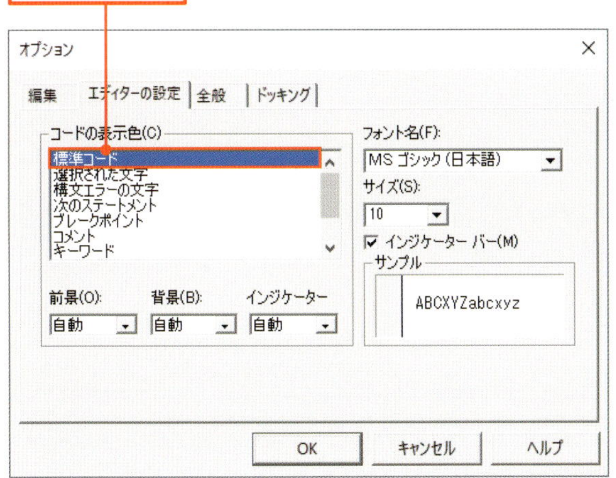

## 表示方法を指定する

フォントやサイズなどを選択します❶。［OK］を左クリックします❷。

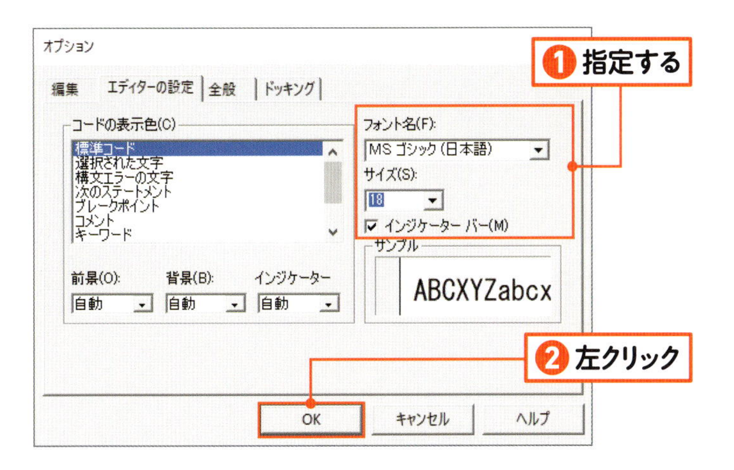

## 表示が変わった

表示方法が変更されました。

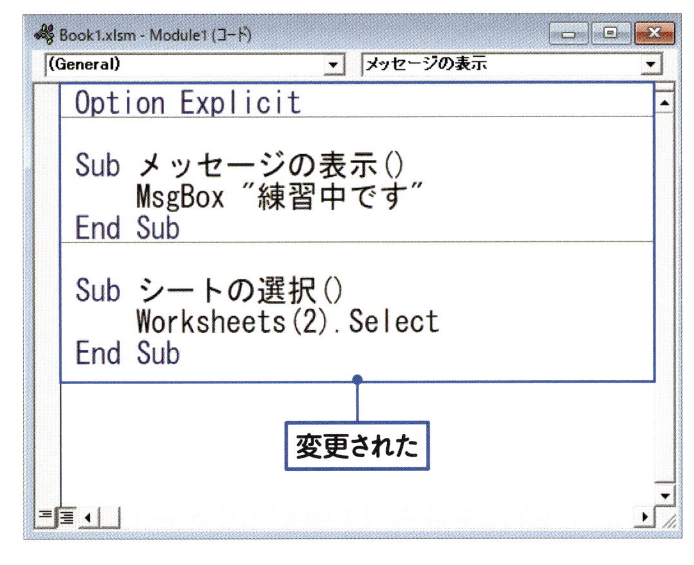

# Q-6 わからないことを調べたい！

マクロの入力中に、プロパティやメソッドの意味などを調べるにはヘルプを利用する方法があります。ヘルプを起動するとブラウザーで内容が表示されます。

## やってみよう！ わからない言葉を調べる

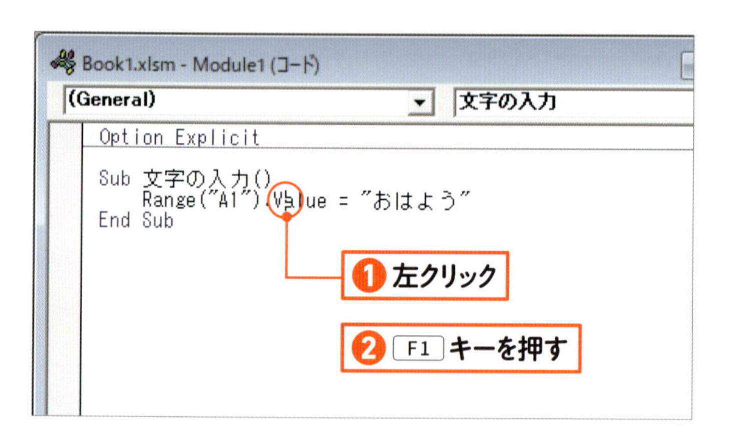

### 01 F1 キーを押す

わからない箇所（ここでは、「Value」プロパティ）を左クリックして❶、カーソルを表示します。F1 キーを押します❷。

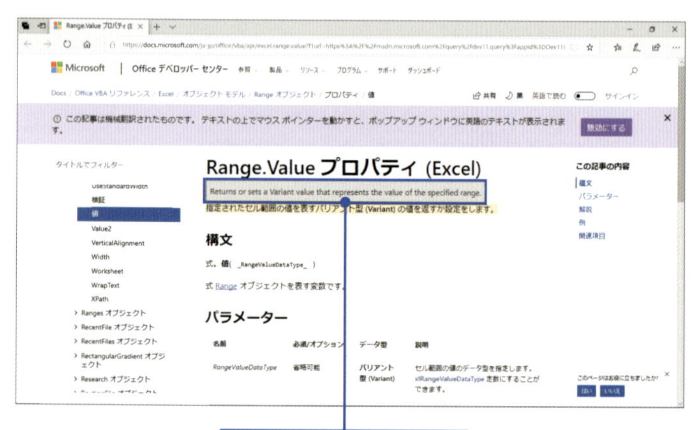


### 02 ヘルプが表示される

ブラウザーが起動して、選択していた内容に関するヘルプが表示されます。機械翻訳されたページが表示された場合は、文字にマウスポインターを移動すると、英語が表示されます。

**memo**

ヘルプのページの表示内容は、変更になる可能性があります。

## やってみよう! ヘルプ画面のメニューから調べる

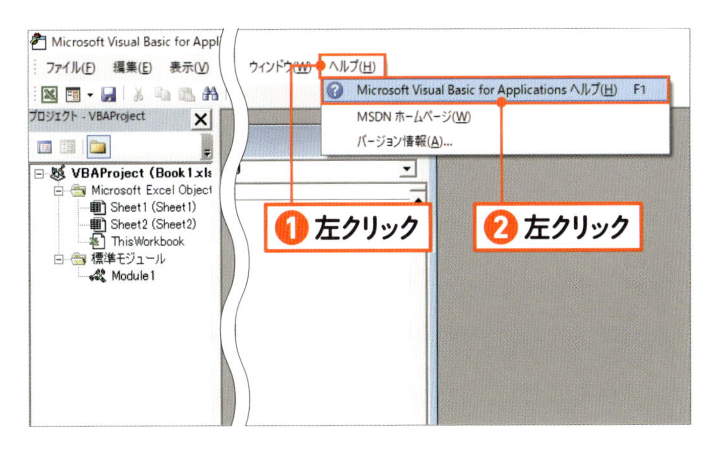


### 01 ヘルプを起動する

[ヘルプ] メニューを左クリックし❶、[Microsoft Visual Basic for Applicationsヘルプ] を左クリックします❷。

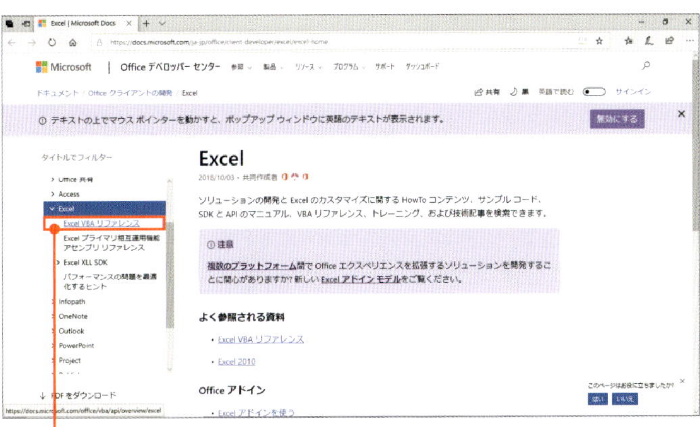


### 02 見たい項目を選択する

ブラウザーが起動してヘルプが表示されます。左側のメニューから見たい項目(ここでは[Excel VBAリファレンス])を左クリックします❶。

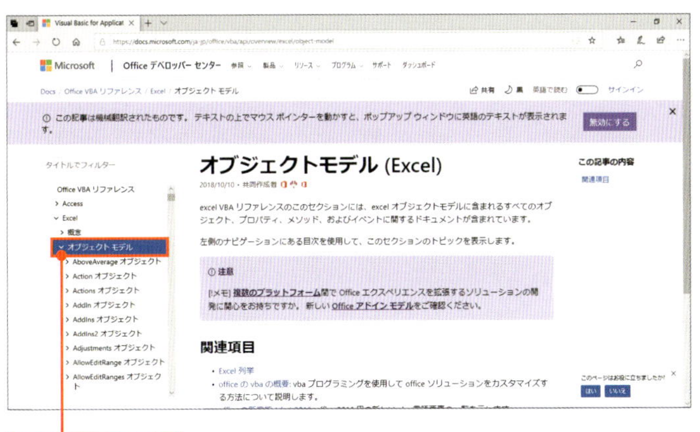


### 03 ヘルプが表示される

画面が切り替わります。[オブジェクトモデル] を左クリックして❶、見たいオブジェクトを左クリックすると、プロパティやメソッドの一覧が表示されます。

# ›› 練習問題解答

## 第1章

### 1 正解②

マクロとは、Excelの操作を自動化するために作成するプログラムのことです。VBAというプログラミング言語を使って、操作手順を書いて作ります。基本的には、操作手順に沿って順番に内容を書きます。

### 2 正解②

Excelのマクロは、VBA（Visual Basic for Applications）「読み方：ブイビーエー」というプログラミング言語を使って書きます。①のVBE（Visual Basic Editor）は、マクロを作るときに使う画面です。

### 3 正解①

マクロでは、セルやシートなどのオブジェクトに対して指示をします。たとえば、オブジェクトの性質を表すプロパティや、オブジェクトの動作を指示するメソッドなどを使って内容を書きます。

## 第2章

### 1 正解①

マクロを作ったり編集したりするには、Excelに付いているVBE（Visual Basic Editor）という画面を使います。②の「VBA」は、マクロの内容を書くときに使うプログラミング言語の名前です。

### 2 正解②

VBEからマクロを実行するには、実行するマクロ内をクリックして②を左クリックします。①は、エラーが発生した場合などに使用するボタンです。③をクリックすると、Excel画面に切り替わります。

### 3 正解②

マクロが含まれるブックは、Excelマクロ有効ブックとして保存します。通常のExcelブックとして保存すると、マクロが削除されてしまうので注意しましょう。

## 第3章

### 1 正解①

②のオブジェクトの動作を指示するものは、メソッドです。③のオブジェクトを操作するタイミングは、イベントです。

### 2 正解①

オブジェクトの特定のプロパティの内容を知るには、オブジェクトを指定したあとに、「.」で区切ってプロパティ名を入力します。オブジェクトによって利用できるプロパティは異なります。

### 3 正解②

オブジェクトのプロパティの内容を設定するには、オブジェクトを指定したあとに、「.」で区切ってプロパティ名を入力し、「=」のあとに設定するデータを指定します。また、プロパティによっては、内容を知ることのみ可能で、内容を設定できないものもあります。

## 第4章

### 1 正解②

①のオブジェクトの性質を表すものは、プロパティです。③のオブジェクトを操作するタイミングは、イベントです。

### 2 正解①

オブジェクトの動作を指示するには、オブジェクトを指定したあとに「.」で区切ってメソッド名を入力します。オブジェクトによって利用できるメソッドは異なります。

### 3 正解②

引数は、メソッド名のあとに半角スペースを入力して指定します。複数の引数を指定する場合は、「,」で区切って指定します。指定方法は2つあります。1つ目は、メソッドごとに決まっている引数の順番どおりに指定する方法です①。①の例は、引数2の指定を省略しています。途中の引数を省略する場合は、省略することを示す「,」が必要です。2つ目は、引数の名前を使って指定する方法です③。この場合、引数名のあとに「:=」を入力して内容を指定します。③の方法は、指定したい引数だけを指定できます。

## 第５章

### 1 正解①

セルやセル範囲を指定するには、Rangeオブジェクトを指定します。Rangeオブジェクトを指定する方法は、複数用意されています。場合によって使い分けます。

### 2 正解①

①のセル範囲を指定するには、「Range("A1:C3")」または、「Range("A1","C3")」と指定する方法があります。②のセル範囲を指定するには、「Range("A1,C3")」と指定する方法があります。

### 3 正解③

③のプロパティを使うと、指定したセルを基準としたアクティブセル領域を指定できます。アクティブセル領域とは、アクティブセルを含むデータが入ったセル領域全体（表全体）のことです。

## 第６章

### 1 正解①

「Book1」ブックの「練習」シートのA1セルを指定するには、②のように書きます。ブックの指定を省略すると①、アクティブブックが対象になります。ブックとシートの指定を省略すると③、アクティブブックのアクティブシートのA1セルを指定します。

### 2 正解①

コレクションには、さまざまなものがあります。たとえば、開いているすべてのブックを表すWorkbooksコレクションや、ブックに含まれるすべてのワークシートを表すWorksheetsコレクションなどがあります。

### 3 正解②

コレクション内の特定のオブジェクトを指定するには、インデックス番号や名前を使います。たとえば、Worksheetsコレクションの場合、①の方法で指定する場合は、左から何枚目のワークシートか番号を指定します。③の方法で指定する場合は、シート名で指定します。

## 第７章

### 1 正解①

マクロで、指定した条件を満たしているかどうかによって処理を分けるには、決まった書き方で内容を書きます。②は、８章で紹介している繰り返し処理のことです。

### 2 正解③

①の条件は、「A1セルのデータが100」という内容です。②の条件は、「A1セルのデータが100より大きい」という内容です。いずれも、条件を満たす場合はTrue、満たさない場合はFalseが返ります。

### 3 正解②

MsgBox関数は、「MsgBox(Prompt,[Buttons],[Title],[Helpfile],[Context])」のように書きます。①は、引数「Prompt」で指定する内容です。③は、引数「Title」で指定する内容です。

## 第８章

### 1 正解②

繰り返し操作とは、同じ操作を繰り返して行う操作のことです。指定した回数だけ操作を繰り返すことができます。また、条件を満たす間は同じ操作を繰り返して行うことなどができます。①は、７章で紹介した条件分岐です。

### 2 正解②

①は、指定した条件を満たす場合とそうでない場合とで、別々の操作を行うときに使う書き方です。③は、同じオブジェクトに対する指示をまとめて書くときの書き方です（P.71参照）。

### 3 正解①

②は、コメントです。コメントとは、あとでマクロを見たときに、どんな内容なのかがわかりやすいように書く補足メモのようなものです。マクロを書く画面で、「'」（アポストロフィー）のあとに書いた内容がコメントになります。

# Index

## 記



## 英



## あ



## か